U1014334

万万不可忽视的7大梦境

用梦境丈量焦虑、恐惧
用理性触摸情感、欲望

How to Listen to the Inner Guidance of Your Dreams

[加] 克里斯托弗·索顿 著
刘丽萍 陈拔萃 译

DREAMWORKING

江苏凤凰文艺出版社
JIANGSU PHOENIX LITERATURE AND ART PUBLISHING, LTD

图书在版编目（CIP）数据

万万不可忽视的7大梦境 / (加) 克里斯托弗 · 索顿 (Christopher Sowton) 著 ; 刘丽萍, 陈拔萃译. -- 南京 : 江苏凤凰文艺出版社, 2019.10
书名原文: DREAMWORKING:How to Listen to the Inner Guidance of Your Dreams
ISBN 978-7-5594-4031-0

Ⅰ. ①万… Ⅱ. ①克… ②刘… ③陈… Ⅲ. ①梦 – 精神分析 – 通俗读物 Ⅳ. ①B845.1–49

中国版本图书馆CIP数据核字（2019）第206929号

万万不可忽视的 7 大梦境

[加] 克里斯托弗 · 索顿 (Christopher Sowton) 著
刘丽萍 陈拔萃 译

出 版 人 张在健
责任编辑 唐 婧
特约编辑 薛纪雨
装帧设计 水玉银
责任印制 郝 旺
出版发行 江苏凤凰文艺出版社
南京市中央路 165 号，邮编：210009
网 址 http://www.jswenyi.com
印 刷 唐山富达印务有限公司
开 本 880 毫米 × 1230 毫米 1/32
印 张 9.5
字 数 246 千字
版 次 2019 年 10 月第 1 版 2019 年 10 月第 1 次印刷
书 号 ISBN 978-7-5594-4031-0
定 价 39.80 元

江苏凤凰文艺版图书凡印刷、装订错误可随时向承印厂调换
电话：（010）83670070

前　言

爱丽丝，女，29岁，她来寻求帮助的时候带着焦虑，并且缺乏自信。在就诊表上，她写下了这样的自我状态描述：“我发现自己很难与未知和平共处。每当面临新的或有挑战性的状况时，就会退缩回来保护自己。”她和我分享了这样一个梦：

我在一片草地上。那儿有一个三五岁的小女孩，她很可爱，蓄着金黄色的头发。还有一头雌鹿也在那里，它比一头小鹿要大，但还没完全成年。我们仨在草地上一起玩耍。她们把我引到草地的边缘，那儿有一片森林，还有一条通往森林里的通道。突然，我们停止了玩耍。她们开始往那条路上走。当发现我并不打算和她们一起去的时候，她们转过身，一同望着我说道：“快来呀，跟我们一起走吧。”但我就那样一动不动。我最想做的就是想跟着她们去，可是就是不能……就好像我无法动弹一样……

在讨论这个梦的时候，对于她无法动弹这一点，我们都感到非常惊讶。但是，为什么不能？是什么让她不能动？看起来似乎没有任何东西在阻止她，什么都没有，除了一股看不见但非常强大的力量——存在于她体内某处的一种限制性恐惧。正是同样的恐惧让她在面对新的挑战时退缩回来，她非常清楚这一点，但却没办法摆脱或修复这种害怕的感觉。而这个简短的梦的美妙之处就在于：它用一种清晰且并不具威胁性的方式描述了这种受限制的心态。这个梦向她提出了请求：对此恐惧之感，你能够做什么？这个梦，像很多梦一样，强调了一个至关重要的问题，并呼吁提出某种创造性的解决方案。

梦可以是神圣的，可以是令人害怕的，可以是迷人的，可以是搞笑的，可以是色情的，可以是使人筋疲力尽的，也可以是混沌的——事实上，梦可以是任何东西。它们也可以是交际性的——假如我们乐于倾听，梦会告诉我们很多东西，也会向我们提出很多要求。它们可以描述出我们的停滞点和局限性，也可以说出是什么让我们生病了，什么让我们倍感压力，我们正如何危险地行事，我们是如何在试着改变，又是什么阻止我们去改变——我们大多数人都赞同，所有这些问题都至关重要。然而，很少有人重视我们的梦，很多助人行业的从业人员并不会定期了解客户的梦中生活。为什么不呢？

假如你是爱丽丝，你会怎么办？你会如何处理你的梦？你愿意花时间思考一下你做过的梦吗？你会想要了解它与你的生活和当前的境况是如何联系在一起的吗？又或者，假如爱丽丝是你的朋友或者客户，她请求你帮助她更好地理解她的梦。你能自信地一头扎进去并尽力帮助她吗？如果不能的话，你会想要拥有这种能力吗？有没有可能你是那些喜欢解梦的人之一呢？也许你真的可以成为一名解梦师。

怎样才能做一名解梦师

首先，你要熟悉梦的世界，了解在梦的世界所使用的语言。从本质上来讲，这种语言是有关“感觉、隐喻和我们内在部分的参与”的（换句话说，就是你需要学习如何说梦话）。其次，你要学习和练习某种解梦方法——一种不太难懂，同时有足够的能力应对你正在探索的梦中即将会遇到的万千变化的方法。第三，你要能够辨识常见梦主题，特别是那些具有特殊信息承载特质的梦和看起来想表达或要求某事的主题。当然，在不经过这种主题识别的情况下，解梦工作也可以令人着迷并卓有成效，可同时也会显得零散和冗长。某些梦就像加急电报一样，要求被阅读、理解并据此采取行动。这样的梦正是那些我们不需要投入大量的时间，就可以学着识别并着手去解的梦。

爱丽丝能够体验到梦中的场景与她生活状况之间的连接——两者都存在一种想要改变的渴望，这种渴望被对未知的、令人麻痹的恐惧所挫败。一旦我们清楚地理解了这种联系，就可以进入下一步工作，“回应”阶段——她能做什么来解决这个问题？让我们使用一项简单的想象练习来开始解决这个问题。我请爱丽丝想象自己回到草地上。让她构想雌鹿和小女孩开始朝着小路走去；去感知她想加入她们的渴望，同时也感受自己对于加入她们的恐惧。现在我们来到了我称之为“改变点”的地方。我让她意识到，就是在这个确切的点，她可以在这个场景中引入新的选择。“你想做什么不一样的事？”我问她。“我想和她们一起去。”她不假思索地回答。所以，我让她设想自己走过去，加入雌鹿和小女孩，并和她们沿着小路走上几步。然后我问她感觉如何。“棒极了，”她说，“感觉真是太好了。”在这个简单的练习中，只需花上几分钟的时间，使用想象力（一项我们所有人都拥有的能力），一个重要的变化就产生了。长期以来的恐惧和麻痹模式已被辨认、挑战和改变。的确，这种变化非常新并且很脆弱，必须通过练习去强化和巩固。尽管如此，改变的蓝图已经在她的想象当中得以建立。这就是解梦可以带给我们的一种好处——梦可以播撒渴望改变生活的种子。必须有人注意到这些种子，认识其重要性，并培育它们，使其能够生长起来。而那个人正是可以称之为解梦师的人。

我的从业历程

20 世纪 80 年代中期，我还是自然疗法学院的一名学生，当时已经沉浸在荣格心理学的研究当中，并且对梦具有的效力和力量深信不疑，这就是我进入解梦师行列的起点。而我在 1985 年 1 月做的一个改变生活的梦，使事情发展到了一个新高度。我把这个梦称之为“水中的三只狼”：

我正沿着湖边的小径漫步。一起的还有我的同伴，一只似狗像鸭的雌性动物。它正在我前方约 30 码的地方沿路跑着。突然，我发现从我左边的洞穴里出来了三只巨大的深灰色的狼。它们向水边走去，把我和同伴隔在了两边。我开始觉得它们可能很危险。它们会向我扑来吗？我小心谨慎地进入水里。三只狼也下了水。突然，我意识到它们可能就是我自身的黑暗动物面，我应该游向它们而不是试图逃离。因此，我开始径直游向第一只狼。当我们相遇的时候，第一只狼的脸溶解成了模糊的一片，就是万花筒里的那种全是黑白线条的模糊景象。我又径直游向第二只狼，然后发生了同样的事情。接着是第三只，这一次碰面后，紧接着，就感觉它变成了一束明亮的黄色的光，翱翔到了天际。就算过了这么久，我还是记着我的似狗像鸭的同伴在小路的前方等着我，准备一起继续我们的旅程。然后，我就醒了。

从这个梦中醒来，我有了一种不一样的感觉，我感受到梦中有一些东西改变了我。我甚至不需要做任何事去接收这份梦的礼物，它就已经发生了。正是在那个早上，我确切地知道自己将成为一名解梦师，不仅解自己的梦，还会学习如何帮助别人解他们的梦。三只狼的梦告诉了我的职业方向，有的人会把这种梦叫作“萨满式（通灵）”的梦或者“启蒙梦”。在梦中，我经受住了考验并通过了测试，现在是时候和我的同伴回到路上继续旅程了。

重新开始旅程意味着在解梦方面寻求进一步的培训和积累更多的经验。在做了那个狼梦后的 10 年中（同时完成了我的学业，取得自然疗法医师执照，并开始从业），我一直在接受解梦方面的深造。我不能说走遍了天涯海角，但回头看生命中的这段旅程，我自己也被这样的发现震惊了，那就是，我在四个完全各异的地方找到了四种非常宝贵的教义，然后把它们糅合在一起，得到了自己需要的东西。

在荣格心理学的丰富世界中，我发现了一种现代的让梦为个人健康和自我发现服务的传统。像我一样，荣格和他的追随者都非常重视梦。在信奉荣格理论的人中，我体会到了深深的熟悉感以及如亲人般的相互欣赏。我如饥似渴地阅读和学习，甚至为可能成为一名荣格分析师而窃喜。如果不是因为两件事，我还真可能走上了那条道，一件就是，因为我刚刚以自然疗法医生的身份毕业，我觉得是时候开始工作了；另外一件是，在经济上，我不可能负担得起。

从我多年集体疗法和格式塔疗法的个人经验中（既作为一名参与者，也是一名团队协调者），我了解到我们所有人都有“子人格”或“部分”，这些部分当中的每一个都有它自己的欲望和自己的议程。我一次又一次地观察到，每个人的这些部分是如何在他或她的梦中出现的，它们通常以一个看似外在的人物来伪装自己。我开始理解，梦中的角色扮演到底有多重要，以及它在我们自我意识和个人发展中的促进作用。

从原始疗法的世界中，我感受了我们从胚胎时期到童年早期经历的持久印迹，会作为被深深物化的感觉状态，伴随我们的一生。我对这些“原始”经历在梦中出现的普遍性感到震惊，它们并不是以词或故事的形式出现（因为它们起源于生活的前语言阶段），而是作为身体记忆和普遍感觉表现出来。例如，一个人是如何在生活中，“觉得”这个世界是充满敌意和不可信的，而同时在他或她的意识头脑中又“知道”事物是相对安全的？这种两分法是怎么形成的？我了解到，这通常来源于我们的原始经验，它们被无限期地牢记在我们的身体里，并在夜间作为感觉背景出现在我们的梦中世界。

从现代神经学中，我意识到，在大脑功能中，在清醒和梦中都困扰我们的停滞到底有多根深蒂固。神经可塑新科学已经向我们展示了适应和发展新的神经模式是如何成为可能的，但反之亦然，人类大脑非常容易陷入重复性和失调模式，任何一个正和不良嗜好或坏习惯做斗争的人都可以证明这一点。一大类梦的主题（我将其称之为“大脑场”主题）都来源于并描绘了这种固有的神经卡滞。这些梦不断重复（此类梦的一个典型例子就是梦到重返校园，但感觉没有为考试做好准备），通常会让做梦人体会到非常折磨人的焦虑感，然而它们却可以成为机会的金矿。因为这些梦是做梦人停滞点的一个夸张快照，这张快照给了他们理解和改变停滞的机会。

到20世纪90年代末，我开始觉得自己似乎已经接受了足够的培训，也积累了丰富的经验，可以从学生模式转换到全职医生模式了。对于进入另一个人的梦中世界，并帮助他们更充分地体验梦这一点，我很自信。我知道我无须提供任何才华横溢的见解或解释，只需帮助做梦人自己去到达并体会这些领悟就可以了。而我学习到的四种教义也已经相互渗透和融合，所以不久我便意识到自己已经发展出了个人专属的解梦方法。在过去的15年中，我不断地练习和实践这种方法，并用它探索了约15000个梦。因为这些年来实际上我变得越来越像一名治疗师，所以我决定让这种方法合法化。2015年，我在加拿大安大略省获得了注册心理治疗师的执照，继续在多伦多以心理医生和自然疗法医生的身份进行我的私人问诊。

治疗师的角色会迅速转化为教师角色，这是在疗愈行业经常发生的情况。2000年初，我开始觉得有必要用更正式的方法教授其他从业者如何解梦，这些从业者都曾经向我寻求过非正式的帮助。将解梦挤进脚注和自然疗法及顺势疗法讲座的茶歇间隙，令我感到沮丧。解梦通常被视为医疗保健培训的副业或者辅助（如果确实要赋予它一席之地的话），但我知道它会凭借自身的力量成为一剂猛药。因此，自2003年伊始，我开始传授解梦这剂良药，并举办了一系列持续到今天的研讨会和工作坊。

我的教学生涯告诉我，很多人都对梦或基于梦的个人成长着迷。他们希望能够为自己和他人提供持续有效的解梦指导，他们只是在等待获取相关的工具和这方面的自信。假如你是他们中的一员，那么这本书就是为你而写的。它将为你提供一个可靠的工具包，这个工具包可以在你进入梦境时供你使用。

本书旨在帮助你从梦中获取更多的东西——更细致的领悟，更多的连接，更深入的理解，更丰富的内容——不管是你自己的梦还是别人的梦。当这本书在解梦的关键方面对你提供指导的时候，它就直接将你放在了解梦师的位置。本书详述了一套五步解梦法，你可以在为自己、朋友和家人或者客户解梦的时候使用这套方法。当你将这一理论付诸实践的时候，本书会为你提供所需的技巧、短语和问题以及可以遵循的理论准则。解梦贴士解决了你在解梦过程中将会遇到的常见问题，并提出了切实可行的解决方案。本书的设计有一个特点，那就是，如果你在诊疗的过程中迷失了方向或者试图找到更好的方法，它可以让你很容易查找到所需资料。要是你打算使用这种方法深入研究自己的梦，我建议你把自己从精神上分成两个人——作为做梦人的你和作为解梦师的你。这可以帮助你在采访自己和解自己的梦的时候保持一定的客观性。

本书“并非”一本梦词典，且不应作此用。它并不会告诉你一个有关蛇的梦是什么意思（实际上这个梦可能有任何意思，取决于做梦人个人及他或她的当前境况）。此方法的目的并非解释或分析梦——而仅仅是帮助做梦人取得共鸣的见解，这些见解是关于他们的梦是如何与其生活相联系的，然后支持他们就这些见解去做些什么。本书分成三个部分，理论、方法及梦主题的辨认。

让我们从解梦工作的基础理论部分开始吧。

理论

当你在学习解梦的时候，并没有什么可接受的替代物可以代替真实的梦材料；你不能推己及人，或者使用模拟主题的模拟梦境。你也无法伪造梦境。基于此，本书讨论的每一个主题都有一个或多个梦的文字材料作为支撑和说明，这些梦都是我在从业过程中别人和我分享的；此外，也包括几个我自己个人的梦。我非常荣幸能与你分享这些梦。

我已经尽量精简理论部分的说明，把重点聚焦在实际解梦过程中的“为何”及“如何”上，以及你在开始解梦之时为了“留在游戏中”所需要的术语和概念。对于那些有意深入探索的爱好者，也会提到很多其他来源的材料，这些材料支撑、证实并扩展了我的理论模型。

不管使用何种方法，至关重要的是，牢记目标。在这个解梦方法中，有两个主要目标：其一是，为体验梦是如何与你的（或做梦人的）生活相联系创造条件。对爱丽丝来说，这种连接是当她在重新感受梦中的令人不得动弹的恐惧，并意识到这种恐惧和在她梦醒之时阻止她接受新挑战的恐惧其实是同一种的时候，产生的。这一领悟很自然地引领她走向第二个目标——弄明白梦对她提出的要求，并试图通过某种创造性的方式回应梦的请求。在这个案例中（这在我的解梦方式中很典型），第一次回应发生在她的想象中。爱丽丝想象着强迫自己摆脱了麻痹状态，并沿路走了几步。这一新发展随后通过进一步的沿路行走的想象练习得到强化（这就是爱丽丝的“作业”）。

这种解梦方法的目标并非对梦做出解释或者分析。这两个术语都带有后弗洛伊德联想，即只有训练有素的分析师才能对梦进行深入了解，辨认出隐藏的含义，并提出成熟的分析。以我个人的经验来看，亲自去体验自己与梦的联系比别人向你解释你的梦更有用。如果你不参与这个过程，不对做出的连接产生共鸣，那么这个过程也许对你没有什么帮助，就算你对此印象深刻。所以，我们使用这种方法的目的是去促进，而非解释。

方法

第二部分介绍了解梦的五个步骤。以下是该方法的基本特征：

◎该方法是促进性而非解释性的。假如你使用这个方法去帮助他人，其促进性品质有助于防范你将自己的理论、联想及心理内容投射到另一个人的梦中（这一直是解梦的中心问题）。这种方法的构建是为了将重点放在做梦人自己的联想、感觉上。

◎其设计是为了在有限的时间内达到切实的效果（平均每个梦20—30分钟）。

◎它分为几个阶段，所以假如你迷失或困惑的话，可以通过重返五阶段模型重新定位自己。

◎该方法以目标为导向。第一个目标是帮助你理解梦是如何与你（或做梦人）的生活相联系的。第二个目标是支持你做出一些基于这个领悟的真正改变。

我建议开始的时候你可以模仿使用这种方法，无须进行过多的改变。在练习、实践过程中，你会越来越熟悉这些步骤。经过数月的消化吸收，这些步骤将变成你的第二天性；你会发现自己本能地、无须有意识努力就可以驾轻就熟地使用它。到这时，你就可以把方法抛诸脑后，放松自己，更自由地遵循你的直觉来解梦。

解梦时使用的“词语”非常重要。找到适切的问题或短语可能会成为帮助解梦的关键。欢迎你随时模仿和借用本书提供的材料；试用这些问题，改编它们，并自主开发一些好的问题。每个短语都应尽可能短小精悍，并始终专注于使梦得到联系这个目标。当你在解梦时，需要对这份材料了然于心。在本书后面的附录1中，你会看到一份快速参考列表，上面列举了每个步骤的关键问题和短语。下次你在解梦的时候，就可以查阅这张表，试着逐字逐句地使用这些短语。看一看它们从你嘴里说出来的时候，听起来是怎么样的。用了几次之后，它们就会成为你自己的解梦词汇的一部分了。

辨识常见的梦主题

第三个部分围绕梦的主题展开——如何辨认以及处理它们。所有我们将讨论的主题都是在梦中经常遇到的，并且都关乎我们的个人成长、自我认知、身体健康及生活幸福。每个主题都会从以下角度进行分析：

◎该主题的中心信息是什么。

◎这个主题可能在要求什么。

◎如何识别该主题在梦中的普遍变体。

◎引发该主题的心理动力是什么。

◎可用于该主题的常见解梦技巧。

◎该主题的梦的例子。

你会注意到，本书讨论的每个梦都被赋予了一个名字。由于种种原因，我总是鼓励我的客户给他们的梦命名。这样做有助于把梦固化在长期记忆中，也将赋予梦价值感和“真实”感。在为你的梦命名的时候，尽量使其反映最关键的方面。梦中是否存在一个中心人物、关键事件或强大的情绪？——这一关键因素可以通过你选择的名字得到强化。第 10 章将更充分讨论梦的命名这一话题。

你还会看到，本书对梦的叙述是以一般现在时进行的，而不是过去时。我建议你在解自己的梦时，也这么做。因为把梦保持在“现在”状态，可以在你重新进入梦境并探索新的可能方向之时为你提供帮助。它培养了一种感觉，也即你正处理的是一个有生命的东西，一项正在进行着的工作，而不是对某一发生在过去的事情的静态记录。

在附录 2 中，你将会找到一个快速参考列表，它列举了所有常见的梦主题的特征。如果你真的想提高自己的解梦技能，我建议你仔细地看看这个表并开始吸收它。你会立即辨认出自己梦中生活的这些特征。开始将所有这些区别性特征与一类梦主题进行联系是个很好的练习，这么做会反过来让你认识到这种梦可能正请求你去做什么，而这又会帮你取得某种程度的定位。

熟悉度会增强辨识能力。你对这些常见的梦特征越熟悉，就越能在梦中世界进行更精准的定位，也能更好地去帮助别人。很多人报告的另一个有趣的好处就是，他们回忆梦的能力显著提高了。所以，如果你“认出”了什么，就更可能体会其重要性，因此，也就能更好地记住它。

爱丽丝的梦很简单。它并没有感天动地的热烈情感。尽管如此，这个梦在她人生旅途中所起的作用显然非常大。她借此拥有了重新进入梦境，并“意识到”这种恐惧是如何在生活中阻碍她的体验性经历，同时也获得了挑战这种恐惧的体验。这种体验首先是以想象的方式进行的，然后逐渐通过越来越现实的方法得以实现。我们都做过和爱丽丝一样的梦，但并非总会去理解它们。所以，这些梦的潜能通常都被浪费掉了，原因可能是人们并不会费力去记住或锚定他们做过的梦，或者是因为从未尝试过任何解梦的方法。我建议你与自己的梦中生活建立更良好的关系。

梦每晚都会来敲门。走过去，打开门……看看发生了什么？

CONTENTS · 目录

第三部分 万万不可忽视的梦境

第一部分

解梦理论

第 1 章

梦是理解潜意识心理过程的捷径

为何要倾听梦的指引？答案之一便是：它们可能想从我们这里得到什么。我们的梦或许真的希望我们去做一些事情，去理解一些事物，去改变一些境况，或者以某种方式做出回应。假如毫不关心我们的梦，我们将失去这个接收内在指引的机会，而这一内在指引正是通过“请求－回应”这一动态系统传递给我们的。

有这样一个梦例：瓦莱丽是一名 42 岁的女性，她正努力寻找一份有价值感的职业以及一段令人满意的感情。她和我分享了下面这个梦，她将其称之为“被忽略的小狗”：

我突然想起来自己有一条小狗，不过我已经将其抛诸脑后好几天了。我吓坏了！我怎么能忘了我的小狗呢？于是，我立马跑到门口打开了门。小狗就躺在那，一条小小的灰狗，瘦骨嶙峋，毛发凌乱。我抱起小狗把它带进了屋。忘掉了我的小狗，让我觉得糟糕透了。幸好它还活着，我希望它没事。

这样的梦很常见，我已经遇见过很多次了。它很简单，却非常重要。寥寥几行传递了有关瓦莱丽的大量信息，有关她当前的心理和情感状态，以及她可能会采取的改善自己境况的措施。首先，她已经很久没有好好照顾自己了，在某些很重要的方面，她“忘记”了自己（被遗忘的小狗）。其次，这一问题与最基本的自我照料有关（小狗很瘦并且毛发凌乱）。瓦莱丽没有给自己足够的基本的东西——好的食物、运动、爱、感情、关注——这些也是一条小狗存活及快乐所必需的。第三，这一问题是最近才出现的（梦境提供了大体时间“几天”），暗指做梦人通常能够很好地照顾自己，但最近疏忽了。

我们或许也可以猜想瓦莱丽正经历着一种抑郁情绪（一种颓丧），这种消极情绪一般在人的精神蒙受痛苦与创伤的时候出现。发生了一些事情，这些事情对于她的精神来说是沉重的打击，要不然她不会“遗忘了自己”。这个梦的隐喻（一如既往地）非常精准——照顾狗的人不会突然忘记狗好几天，除非一些非常严重的事情正在发生。因此，这个梦指明了两件需要做的事情：眼下她必须与自己重新连接，并开始更好地照顾自己；长远来看，她必须设法理解是什么伤害了她的情绪，并开始着手解决这个问题。

最后，我们不得不惊叹瓦莱丽的无意识的头脑竟通过这种方式，创造出了这样一种完美的梦的信息来指引她走出当前的困境。它通过使用一条饥饿的小狗形象表达了情况的紧迫性（谁不会因为一条挨饿的小狗立即采取行动呢？）。但这个梦同时也让她安心，因为小狗还活着，假如给予小狗爱和适当的照料，它就能快乐生活、茁壮成长。

现在让我们通过“梦正请求什么”这个角度来分析这个梦，回答“它希望瓦莱丽去做什么”这一问题。首先，这个梦期望她“意识”到她正忽视很重要的自我照顾需求。第二，梦希望她改变这种情况，不仅是短期的还有长期的境况。这是梦给她传递的两种非常具体和直接的要求。当然，她也可以通过其他方式得到相同的领悟，可能来自与一个朋友的交谈，也可能来自保健护理人的建议，一个同步事件或者顿悟。最终，如果她没有捕捉到任何一个早期信息，那就可能会出现一种症状或疾病来更迫切地传递这一信息。以我的经验，一般先到来的是梦的信息。如果我们关注我们的梦，它们通常会提供健康和幸福方面的最早的沟通。如果我们不倾听我们的梦，那么可能会错过这种内在指引的沟通（你也可以称之为内在治疗师、内在良知、内在现实检测、内在警戒系统、内在镜子等等）。

作为心理治疗师，多年来，我听到了很多类似瓦莱丽“被忽略的小狗”这样的梦。我觉得它们非常迷人，里面蕴藏着丰富的信息，对了解做梦人非常有用。我常常惊叹于它们所包含的出色的领悟和重要的警告。不管成为何种医疗从业者，我无法想象不把解梦放在我的咨询实践的中心位置。对我而言，这就意味着我试图起一个外部指导的作用，如果我不倾听来自人自身内心指引的信息的话。

但我意识到，并非每个人都对梦的相关性及在医疗中使用梦的材料的有效性持赞同态度。有些人可能需要被说服。他们可能会问：解梦背后的理论基础是什么？它在实际中怎么操作？我们能从分析我们的梦中得到什么？对梦的领悟如何能使我们在寻求更好的健康和更大的福祉中受益？这些都是合理的问题，所以现在就让我们来试着回答它们。关于梦的材料与我们生活的相关性这一论点可以基于以下前提：

前提 1：在我们的大脑中，有一个无意识部分。

前提 2：我们的无意识比有意识部分要大，前者懂得更多。

前提 3：我们的无意识部分试图通过各种方式与我们的有意识部分沟通。

前提 4：其中一些沟通是良性的并且有潜在帮助的。

前提 5：这些沟通常常以梦的形式发生。

问问你自己：你会不同意以上前提中的各点吗？如果答案是肯定的，那么你可能需要被展示一些有关解梦有效性的证明。没有什么“证明”会比来自解自己的梦、记住它们、记录它们，并思考它们的可能含义（最好有指引和支持，但并非必需）这一实验性阶段更好了。经过六个月到一年的努力，再问问自己：解梦有价值吗？答案可能会变成肯定的。

内在指引

假如你已经接受了这些前提，那么只需一小步就可以得到以下结论：我们都拥有一种内在指引，这种指引正试图通过梦向我们传递信息，以此来帮助我们。基于梦的疗法的目的就是，协助我们聆听这一内在指引的声音，获得并理解这些信息，进而做出回应。然而，为什么有些人觉得很难感知这种内在指引的存在呢？我认为，这个问题的答案很大程度上要从文化和历史角度来解答。不知何故，现代社会完全忘记了梦的指引作用。从幼儿园到大学，当前教育系统的任何阶段，都没有重视解梦，也没有提供相关选修课程。在大部分孩子成长起来的家庭文化中，也没有定期分享和理解做过的梦的习惯。可悲的是，我们大部分人成年后，对于梦的语言的认知几乎停留在文盲状态。

在大量的（几乎无限的）我们可能做的梦中，有些特定的梦与我们的健康——身体、情感、心理、精神健康——有非常重要的联系。本书重点描述的就是这样的梦。通过注意这些梦的主题，我们可以学习倾听内心指引给出的建议，也可以调整自我伤害行为，让我们认识到在自己身体内部有什么是需要被治疗的，也可以让我们做出更好的生活选择。

潜意识很重要

试想此例，某人清楚地知晓自己有一个坏习惯。他努力多年，尝试改变这个不良习惯，但都以失败告终。为什么？因为可能只有有意识头脑（自我）在支持改变这一习惯，无意识头脑则可能并不赞同这种变化，而无意识头脑部分的力量可能更强大。因此，假如这个人想要了解发生了什么，为什么做出想要的改变这么困难，那么，他们需要通过某种方式了解在他们的无意识头脑中正发生什么。（我对“无意识”的工作定义就是“所有存在于我们的头脑中但我们通常意识不到的东西”。）

我们来看看一位名叫玛戈的32岁女性做的一个梦。玛戈一直想健身，想了好几年，就是无法调动自己定期锻炼。她将这个梦取名为“给我的同学按摩”：

我在某个工作坊里，我们被要求为自己的同学按摩。我和婕西被安排在一组。她体重严重超标，并且对身体问题非常敏感。在实际生活中，她始终设法避免任何涉及按摩或身体接触的情况。她正趴着，我在按摩她的背部，但是她受不了，然后对我喊停。所以，我帮她翻过了身，只是轻轻按摩她的手臂。这样好了一点。然后，我就有了躺在她正躺着的地方的想法，这样我们就可以都把腿抬起来，屁股贴屁股。我扭动我的脊椎，这样也扭动了婕西的脊椎。在这个梦的后半部分，我成了一名篮球运动员。我的身材棒极了，有着非常漂亮的肌肉。我能够腾飞到空中，拥有令人难以置信的“滞空时间”。我投了个篮，驾轻就熟的感觉好极了！

玛戈的自我和塑身的想法完全吻合，但她还有另外一个部分，这个部分有着不同的议程。在她的梦中，这个“部分”是由她超重和过分敏感的同学婕西扮演的。她的这个部分对按摩身体并不感兴趣，正是她的这个部分希望避免做任何与身体有关的接触。在玛戈（有意识头脑）和其内在的婕西（无意识头脑）进行某种沟通，并让婕西做出改变之前，玛戈在执行塑身计划方面都将面临重重困难。这个梦就如何开始处理自己无意识部分给她提供了一些线索，并且结局非常积极且鼓舞人心。

我们是如何知道这些内部和无意识部分的存在的？我们都需要一种更好的、更全面的了解自己的方法，以及通晓在我们自己的非自我（无意识）地带正发生什么的方式。解梦就是一种可以帮助我们做到的方法。

解梦是通往无意识的捷径

人类已经设计出许多深入无意识的方法，催眠、冥想、心理治疗、同伴辅导、药物使用等，试图通过这些理解意识之下是什么、正在发生什么。听梦是其中的一种方式。在我看来，它也是最安全、最便捷的方法，而且这种方法可以带来与其他方法同样的好处。解梦允许一个人在这一过程中（包含了精神的所有部分，即自我和非自我）安全地探索他的无意识。它不需要使用任何外部代理、药物或程序，不需要很大的开销，也无须聘请专家，因为在某种程度上，这是我们都可以学会去做的事情。它会经常挑战我们对自我的定位，以及有关我们认为我们是谁的想法。所有这些都是通过最自由和自然的方式提供给我们的——做梦和回忆梦。对我们所有人来说，这都是每晚自然而然可能发生的事情。

定期解梦的好处

尽管通过理解单个梦，我们也可以收获很多，但最有效的解梦方式还是去分析那些不间断的系列梦。对这种解梦方式的一个很好的比喻是一条石板路。每一个梦的领悟就像一块铺下的石板。前一个领悟也引发了下一个领悟；在最近铺设的石板的有利位置，可以铺下一块，然后另一块，直到有一种沿着一条路在移动的感觉。瓦莱丽没有止步于对被忽略的小狗的梦的领悟，而是继续下去，回应这个领悟。第一个回应发生在她的想象中——她想象自己抱起小狗，拥抱着它，喂它吃东西，并和它订立了一个“照顾契约”。接着，她把这一回应带进了自己的现实生活，即在日常生活中做出改变，这些变化涉及更好和更连续的自我照料。这些回应被她的无意识觉察到了，而这为更进一步的梦奠定了基础。这些进一步的梦又促使疗愈过程继续向前发展。

毫无疑问，一个绝无仅有的梦的领悟会很迷人，很有价值。但是，培养定期解梦的习惯为我们提供了一个实用工具，让我们终身受用。我相信，这是可以用于个人成长的主要技能之一，我们可以使用这个工具去外化我们的内在潜能。

为什么解梦有效

是否有实证证据来支持解梦的效力和有效性呢？确实有。

克莱拉·希尔是马里兰大学的一名研究员，她和她的同事已经开发出了一个三步解梦法，名为“希尔认知 - 体验梦模式”，旨在用于不间断心理治疗。他们已经探索了该模式在实践中的有效性，这个研究名为《解梦在治疗中的有效性：促进探索、领悟和行动》。通过回顾 19 份相关研究，我们发现，客户评价：解梦疗法比非梦疗法要更有价值。这些客户报告说，解梦疗法比一般疗法要“更深入”，具有“更强大的感知力和价值”，他们从中获得了更多的感悟，并且梦疗法对加强客户与治疗师之间的同盟关系有更大的贡献作用。

解梦已经成为治疗几种特殊疾病的有效手段，这些病症包括创伤、创伤后应激障碍（PTSD）及复发性噩梦。大部分支持有关解梦在治疗这些情况的有效性的研究都被收集在了一起，并发表在克雷默和格鲁科斯曼编辑的这本非常棒的书作中，书名为《梦的研究：对临床实践的贡献》。[①]

总结

解梦实际就是倾听你自己内心的声音。当你感到你的内心声音正在说话的时候，当务之急就是聆听。它正试图说什么？它想从你这儿得到什么？解梦可以在治疗和心理辅导中起核心作用，也可以完全是一项私人和个人的实践，一种你可以决定为自己及靠自己去完成的事情。在任何情况下，这都是需要带着开放性心理和开放的内在耳朵去尝试的一件事。一个向导对我们的帮助仅限于让我们愿意去相信和追随他/她，剩下的就靠我们自己了。

试着暂停对任何有关解梦合理性的判断，直到你决定去尝试一段时间。让你自己的经验成为裁判。

---

① 克莱拉·希尔（主编），《解梦在治疗中的有效性：促进探索、领悟和行动》（华盛顿：美国心理学会，2010），第 251—252 页。

第2章 梦的材料及来源

梦是如何做出来的？梦是如何开始存在的？是什么将睡梦中的内容组成了故事的形式，而且故事充满了精妙选择的比喻，并将其以信息的形式传递给自我的？这可能是那些永远无法全面回答的问题当中的一个，因为这其中有一个悖论：只有运用我们的头脑，才能理解我们的大脑是如何运作的。这些伟大的奥秘总会快我们几步走在前头。

梦是从我们内在还是外在产生的呢？这是思考梦的本质时需要考虑的第一个问题。它本质上是主观现象，是在我们睡觉时头脑里产生出来的东西？还是客观现象，被来自我们外部的东西访问的结果？有些人会主观地理解它们，有些人会从客观角度去解读，其他人会认为两种都有可能，还有些人会简单地说不知道。

举个简单的例子。最近我梦到了我的祖母，她已经去世20多年了。这是否意味着我真正的外在的祖母以某种形式来到了我的梦中，她的灵魂或精神在梦中造访了我？或者，这是否表明我睡梦中的大脑借用了我自己的内在对祖母的记忆、联想和感觉，产生了她的形象？我们怎么才能知道这个问题的答案？我认为我们不能，但我想，假如要解梦，我们需要有一个工作假说。我的工作假说就是：绝大多数梦本质上都是主观的，它们产生于我们睡梦中的大脑和身体。它们携带的交流是内在沟通，信息从我们的一个部分传送到另一部分。

然而，确实有些不寻常的梦的体验似乎涉及与外在世界和外在人物的直接接触。很多这些不寻常的梦的类型都是一本名为《超凡之梦：激发你的创意与超感知觉》的书的主题，这本书的作者是克里普纳、博格莎朗和迪卡瓦荷。这些罕见和特殊的梦并非本书的重点，本书关心的是如何理解我们大家都经常体验到的更寻常的夜间遭遇，在这里我们的无意识看起来正试图与我们的有意识建立对话。

造梦器

从解梦师的角度出发，我认为，我们必须允许人类的头脑中存在某些可以造梦的东西。无论是什么，它能够提取睡眠状态下头脑中的内容作为原材料（视觉内容，感觉内容，想法，词语，记忆，联想，联系，所有在那里的东西），对它们加以选择、改变、组织、调整，使它们变成一个连贯的梦（参见第6章）。我把这个某物称为造梦器。

造梦器可以在睡眠状态产生一种现象，这种现象描绘了梦自我的特征：梦自我拥有其认为“真实”的经历。其后，我们醒来，当我们穿过睡眠状态和醒来状态之间这座桥梁的时候，我们的梦自我（潜意识）就转变回了醒自我（意识），而当它这么做的时候，通常可以带回一些梦中的记忆。（由于我们的意识重新启动，它通常能够区分什么是发生在梦中的，什么是梦醒后的现实）。当我们回忆并认真琢磨这些梦经历的回忆时，常常会有一种惊奇感，以及一种得到了一些信息的感觉。

有一种迷人的梦的类型，通常被称为清醒梦，是一种例外情况。

在清醒梦中，梦自我意识到自己正处在梦中，并通常能够显著地影响梦的内容。

梦自我

梦自我可以被定义为我们在梦中有“我”的感觉。在大多数梦里，我们都有一些我们是谁的感觉，那种“我是我，我在这个场景中，我正在经历这件事”的感觉。梦自我有很多和醒自我一样的主观特征；大部分（并非所有）时间都是同一性别、同一物种，大致相同的年纪，说着和我们醒着的时候一样的语言，有着相似的思维模式以及类似的自我意识感。在很多梦中，梦自我似乎都在保持一种相对稳定的自我感（尤其是连贯的梦，这是解梦最有价值的类型）。

另外，醒自我和梦自我倾向于关心相同的事物——我们都会梦到在我们醒着的生活中和我们有关及影响我们的东西；这在梦循环中通常被称为循环性假说。假如一些事情在我们醒着的生活中真的在我们脑海里，我们很可能会梦到它以不同的方式呈现出来，但关注点是相似的。

在梦中，被弱化的自我控制的好处

在清醒的时候，我们的自我意识非常强，但在梦中就很大程度被弱化了。在梦中的“我”要不稳定得多，并且更能不加批判地接受任何可能发生的事情。在梦中，我们发现自己会做一些、思考一些在醒着的生活中从不会去做的事情，并且外部环境也更加多变——当我们做梦的时候，各种奇异事件和突发变体都会出现。此种经历的种类比我们醒自我要应对的多得多。对有些人而言，梦中世界的这种不可预知性和可变性是可怕和混乱的。很多人觉得自己和他们内在的梦中生活很疏离，因为它是如此令人困惑，并且他们根本没办法控制里面正在发生的一切。

此外，在梦中我们通常会降低自我意识——我们的梦自我看起来似乎并不关心它们周遭正在发生什么（清醒梦是例外）。对很多人来说，这是梦中世界的一个消极特征——我们睡着的时候是如此不假思索和随意认可，以至于我们要经受最可笑和不连贯的扯淡，而我们的理性思维防御并不会告诉我们此类事情是不可能发生的。

但是，如果我们换个角度，不把它看作睡梦中大脑的缺陷，而看作是一种奇妙的潜力呢？因为每天晚上我们的自我意识功能就会被下拨到我们的梦中，我们对新想法、经历和可能性可以比我们在醒着的时候持开放得多的态度。正是梦自我的这种不加批评的特质，使得我们访问一个新世界成为可能，在那里各类新奇的事情很容易发生。

睡梦中的大脑拥有巨大的创造潜能，因为在那里“一切皆有可能”——更多的人，更多的动物，更多的想象力，更强的能力，更自由地运用物理学定律，更多的欲望，更多的知识，更粗暴，更多的性，更多的神性，更多的智慧，更聪明，更感性，更富有见解，更多的地理，更多的动觉意识，更冲动，更残忍，更温柔，更多痛苦，更多吸引力，更多机遇，更多才能——总之，更多一切！这也就是为什么当我们能进入我们的梦中时，有更高的发现新领悟和新的解决方案的潜力。造梦器可以选择用来造梦的原材料仓库，实际上是无穷无尽的。

造梦器会对回应做出反应

解过梦的人都知道，造梦器对回应是有反应的。这只是普遍的人格特征的表现——我们都喜欢被认真地倾听；当另一个人真的细心聆听并慎重地做出回应时，我们都会很喜欢。就我们的梦来说，如果我们接收到了一个梦并认真对待，我们的造梦器将会“欣赏”这一点，然后奖赏我们另一个梦，让这场对话向纵深发展。

这意味着，定期解梦的人（意即他们认真对待自己的梦生活，竭力去捕捉和理解他们的梦，并通过基于梦的领悟做出生活改变来回应他们的梦）和他们的造梦器进行了一场对话。这是一种二元关系，每一方都在倾听另一方，并对他们听见的做出回应。我们或许可以说这样的人正和他们自己的无意识培养一种关系。

造梦器的特征

总而言之，有关梦的研究表明，人类精神中存在生产梦的功能，这种功能有如下特征：

◎ 虽然它提取原材料的地方不确定，但它能够通过一种方式选取和呈现材料，使其和醒自我相关，并对醒自我有意义。

◎ 它利用降低的自我意识和睡眠大脑的批判性思维特点来生产梦的内容，这些内容的种类和可能性是无限的。

◎ 它和醒自我共享很多关注点，并就这些关心的事物比醒自我呈现更广阔的视角。

◎ 它和醒自我一样，有着同样的熟悉的感觉配合物，它可以随时访问它们，使它们在梦中呈现。

◎ 它能够向醒自我传递信息，哪怕是非常具体和详细的信息。

◎ 它会对醒自我做出的与其连接的努力做出回应。

◎ 在造梦的时候，它非常依赖隐喻和各部分的参与。

◎ 它有能力为醒自我无法解决的问题生成和呈现解决方案。

◎ 它可以挑战醒自我所持有的价值观和立场。

下面是我几年前做过的一个梦，这个梦突出强调了造梦器的许多特征。我将其称之为“第一个参选总统的女性”：

时间正是19世纪中期，接近总统竞选的尾声。我是一名正在参选总统的女性（在现实生活中，我是男性）。一大群人已经聚集在一起等待投票结果以及宣布谁将成为下一任总统。我们坐在外面一个大型的礼堂里，里面有几百，也许1000人。男人们都穿着黑色西装，看起来像林肯。我自己和其他女人都穿着长礼服，头戴宽边帽，肩披围巾，手撑遮阳伞。我有一种感觉，自己在竞选中表现很好，也得到了很多支持，这些支持大多数来自刚刚获得选举权的其他女性。不过，我也很确信我会因为自己是一名女性而在竞选中落败。既有的规则和权利是如此根深蒂固，肯定不允许如此激进的事情发生。对此，我并不觉得气馁或痛苦，反倒是觉得自己已经尽力了。一个女人问我是否愿意坐到靠近过道的位置，这样会方便我到台上去演讲。我想这肯定会是一场近乎承认失败的言论，而不是提名演讲，所以这就是我在精神和情感上正在为自己做的准备。我接受了她善意的建议，移到了靠近中央走道的空位上。坐在我旁边的正是贝拉克·奥巴马。我们热情地打了招呼。他说我能够作为女性参选真是棒极了，而他因为是黑人而没有这个资格。我感受到一波强大的情绪和疲惫，我躬下身子啜泣起来。两个人轻拍我的后背安慰我。我哭得如此伤心，以至于必须深吸一口气……这把我唤醒了。

这个梦到来的时候，我正处于人生这样一个阶段：正思索我努力成为一名解梦教育者的理想能否实现。梦中的感觉——“在竞选中表现很好”，“尽了全力”，但仍意识到选举可能不会成功，我不会赢得选举正是我在那个时候所经历的感受的适切表现。梦结束时悲伤和疲惫的感觉，就是对我常常感觉到的伤心和失望夸张但非常准确的描述，这种伤心和失望源于我意识到，在业界梦可能永远不会被认可（或许在我有生之年不会）。我觉得，我就像一个战斗中的女性，让未来的女性有可能进入权力机构体系，或者一个战斗中的黑人，让未来的黑人能被接受和拥有充分的选举权。在梦中，贝拉克·奥巴马的出现很鼓舞人心，它让我觉得这场竞选是值得一战的，总有一天，梦会在我们的社会和疗愈传统中找到属于它的位置，就算我等不到那一天。

我并不认为醒着的人类想象可以编造出这样一个不可能的故事，其元素太过于牵强，醒着时的理性大脑根本造不出来。然而，它的奇怪性却令人难以置信地准确，其信息如此有帮助和令人鼓舞，以至于梦中大脑的聪明才智以及它乐于通过这样一种支持性和鼓励性的方式与我交流，再一次使我目瞪口呆。很显然，一个具有创造力、聪明、智慧、关心人和积极响应的实体向我传递了信息——我看不出有任何人可以反驳这一点。

总结

有关梦的本质和来源问题将会一直伴随我们。和意识一道，做梦也是人类伟大的奥妙之一，并且我们将永远无法完全理解它。幸运的是，解梦时，我们并不需要完全理解梦到底是如何产生的。但是，我们确实有必要熟悉梦的语言。

现在，就让我们来看一看梦中大脑用于制造其夜间信息的特征元素吧。

第 3 章

梦一定是有某种寓意的

弗洛伊德认为，梦的信息通常是伪装起来或潜在的、被压抑的，或者是禁忌，这一点我并不赞同。在阅读弗洛伊德的著作时，你往往有一种感觉，梦的真正含义是躲着做梦人，它就在那儿，但它需要分析师看穿其伪装，分析它并解释给做梦人听。这当然不是我的经验，我认为梦在使用尽可能清楚的方式与做梦人交流。

那为什么大多数梦都不用更直白的方式表达它们想说的信息呢?很多人想知道:“如果一个梦想给我一个信息，那为什么它不直接清楚、直白地把这个信息讲出来?”我相信，造梦器确实在试图用清楚直接的方式传递信息，但使用的语言是自己的母语——在睡梦中大脑的梦之地使用的语言。想要理解梦的人，必须熟悉这门语言。

你会说梦语吗

如果你想成为一名解梦师，你就必须花大量的时间学习这门语言，大致相当于学习口语所需的时间——你要花数月的时间学习如何入门，然后数年时间才能变得流利，但所有付出都是值得的。以下是梦的语言的五个主要方面：

◎ 梦使用人物来“扮演角色”（这些可能是做梦人心灵的部分或者做梦人生活中重要的人物和特征）。

◎ 梦使用暗喻。

◎ 梦包含的感觉和情绪与醒着的生活中所体验到的感觉和情绪相对应。

◎ 梦往往是夸张和紧迫的。

◎ 梦使用比喻、习语、双关、文字游戏。

使用人物来“扮演角色”

大多数梦通常呈现梦自我（梦中的“我”），及一个或多个其他主要人物。解梦最重要的技能是确定这些人物都代表谁。它们是否代表做梦人的部分？可能是，但并不总是。梦中的一切都是我们的一部分，这是一个不断重复的误解。而这绝对不是真的——我们可以梦任何事情，我们经常梦见我们外面的人和事。

利拉，女性，58岁，她正努力摆脱与原生家庭的纠葛。她感觉自己被父亲操控，并且她的父亲一再令她失望。但她仍渴望他的爱，并希望他最终能做正确的事，成为她想要的父亲。她的名为“乔治、布里塔妮、托尼和我”的梦就描绘了一个梦自我和三个其他人物。这个梦说明了，弄清楚哪个人物扮演哪个部分是何等重要。

乔治·克鲁尼是一名杀手。他打算杀两个人——布里塔妮·墨菲和托尼·瑟普拉诺。我知道了，然后逮着他。我把他头朝下倒立在阳台外，并威胁要把他扔下去，但最终我决定不这么做。

很明显，这三位著名演员并不代表他们自己，是利拉的心理请他们在她的梦中出演角色。人们总是在梦中“使用”著名人物，因为他们有清晰和夸张的特质。利拉对乔治·克鲁尼的描述是：“迷人、帅气，但可能是名杀手。”她对布里塔妮·墨菲的联想是：“无力、敏感、脆弱，像屠夫的羊羔。”她眼中的托尼·瑟普拉诺则是：“强壮、自私、残酷，但也受伤了。”

现在我们需要弄清楚，在梦中的这些演员代表的是谁。当我们开始解梦的时候，很快就发现乔治·克鲁尼正扮演利拉父亲的角色（一个在现实生活中非常迷人又有魅力的人物）。在梦伊始，乔治·克鲁尼要谋杀另外两个人的意图代表了利拉感受到的她父亲伤害她的两种方式：首先，他正在伤害她如布里塔妮·墨菲一样敏感和脆弱的部分，他总是在不断提高她的期望，而后以失望和悲伤来伤害她；其次，他正在伤害她如托尼·瑟普拉诺强大而自信的部分，她的这一部分在其生活中的大部分领域都能运作良好，但每当来到她父亲这儿的时候就会被削弱和伤害。

通过艰苦的个人努力，利拉最近终于明白，她必须保护自己免受父亲反复的诱惑和伤害。在梦中，这被描绘成她（梦自我）抓住父亲，把他倒悬在阳台外的能力。利拉的梦向她表明，她现在比他强大了。这个梦也提出一个非常重要的问题：她应该把他扔下去吗？这意味着，从隐喻和心理上来讲，她将通过关闭仍然为他打开的某一心门，来“杀死”她被父亲反复欺骗和伤害的敏感，她之所以会将心门为父亲开着，是因为她希望他最终会作为她渴望的好父亲走过那道门。

因此，在这个梦里我们有四个演员在舞台上：梦自我，一个扮演外在部分的人物，和两个扮演内在部分的人物。在所有的角色扮演被弄清楚之前，这样的梦是没法以令人满意的方式被理解，并与做梦人的生活取得联系的。例如，假如我们把乔治·克鲁尼看作利拉的一部分，那就会引导我们思考她自己的诱人本质，及其诱人本质对她自己的其他部分可能造成伤害。我们可以这样尝试，但如果这一假设与做梦人（或与引导者）不能产生真实的共鸣，那就会令人困惑，最终陷入僵局，不了了之。如果这种情况发生的话（在解梦的时候经常发生），试一试“内在/外在”指导原则——将你的定位从内在切换到外在，然后再试一次。（详见第 12 章）

提示：为梦中的每个关键人物写下 2—3 个联想词

当一个梦出现了一个名人或一个做梦人知道的人，请做梦人快速列出两三个他们会和那个人联系起来的描述性词语或联想（比如“英俊”“迷人”“可能是个杀手”）。把这些写下来，并在做梦人试图建立联系时，准备引用给他或她。这会帮助你们确定在梦中那个人物正扮演的是什么角色。

隐喻的使用

作为解梦师，我们必须不停地寻找隐喻，因为任何事物都可能“代表”别的东西。梦中几乎所有不“现实”的一切（比如，在做梦人梦醒的现实中对某人或某物看起来似乎现实的描绘）可能是作为隐喻出场的。比如，假如我们梦到了一头大象，它几乎总是以隐喻其他东西的形式出现的。如果我们最近刚在动物园里见到了一头大象（或者我们的工作就是大象饲养员），就或许梦到了“真的”（而非隐喻的）大象，而且我们也可能非常关心大象的困境。但在大多数情况下，我们的造梦器都将“使用”大象来代表一些我们内在或我们世界中的东西。

我们猜想了梦中的大象是对其他东西的隐喻，但仍不知道这个隐喻是指向内在（代表做梦人与象一样的一个方面）或是外在的（代表做梦人生活中与象一样的某事或某人）。因此，造梦器必须对每个出现在梦中的关键人物进行一项快速的心理运作，就像下面这样：

◎ 这个大象到底是指真的大象，还是只是个隐喻？或者两者兼而有之？

◎ 假如是个隐喻，它是内部－指向的隐喻，代表做梦人的一个方面吗？

◎ 假如是外部－指向的隐喻，代表做梦人生活中的某人或某事？

◎ 还是可能有内在和外在的两个方面？

梦隐喻因其特质和联想被精确选取

具有隐喻功能的梦的对象和人物并非随机选择的。造梦器会基于非常精确的理由做出自己的决定，这个理由与对象和人物的表现出色的品质有关。对大多数人来说，大象带来的联想是体型庞大，力量巨大，还有温柔、尊严和智慧。当然，最相关的总是做梦人的关联，如果做梦人没有自发说出来的话，引导者必须问清楚对每一个关键梦中人物的联想都有什么。

多明妮嘉，35 岁，女性， 她过度劳累，疲惫不堪，接近健康危机的边缘。她觉得她把太多的时间贡献给了工作，却没有得到很多满足感作为回报，而她看起来无法改变这个局面。在我们的第二次咨询中，她告诉了我一个有关大潜鸟（北部湖区的一种水生鸟）的梦。我们就把这个梦命名为 “大潜鸟”：

我正开着车，注意到有一些转向。我试着左转，但车往右走，几乎就好像没有适当的转向连接，有什么不对劲的地方。于是，我决定停车。没有撞到任何东西。我很安全，也可以停车。随后，我下了车，然后一个老妇人跑过来对我说我不能停在这儿。她说我的车挡了她的车道，我绝不能停在这。然后，我注意到了另一个在我车旁的更年轻的女人，她看起来更配合一些。我们交换了电话号码，我告诉她我会回来取车。我只是必须在再一次进入它之前，确保车是安全的。然后，我看到了一个湖，那里有一只超大的潜鸟。我想，哇，太美了！它正望着我，试图以某种方式引起我的注意。我不知道它想要什么。我所知道的就是我觉得我被它的美——它的大小、颜色，它的平静征服了。它如此优雅，如此巨大。

这是一个美好的梦，也是一个很好的启发式接触梦。在这个梦中，造梦器向做梦人呈现了一个令人敬畏而又神往的形象，这个形象有影响和启发的力量。在此种情况下，这个梦仿佛在说，如果多明妮嘉能够放慢她生活的步伐，让自己“停靠”一会，她会体验到一些非常特别的东西。如果我们通过隐喻－曝光镜头来看这个梦，会发现有多个隐喻在此作业，正如在几乎每一个连贯的梦中一样：

◎ 汽车隐喻多明妮嘉是如何控制她的生活方向的。

◎ 她的汽车的转向则隐喻这样一个事实：此刻她不能控制她生活的走向，因此，现在不是开车的时候。

◎ 停车隐喻可以减速并让自己停下来。

◎ 告诉她不能停在那儿的老妇人，隐喻她的很古老的（长期的）一部分，这部分认为她不能减速和停下来。

◎ 更年轻、更配合的女性隐喻多明妮嘉更新的一部分，这部分最近刚学会如何更好地进行内在的自我照顾和自我支持，这让她可能停下来，至少在短时间内。

◎ 交换电话隐喻可以和自己新的这部分进行更良好的沟通。

◎ 潜鸟隐喻她将会遇到的自己奇妙的部分，如果她能放慢脚步，停止过度工作。

◎ 潜鸟的超大身材隐喻它在她心里的巨大重要性。

这些隐喻都不是隐藏的、伪造、锁定或者掩埋的，它们完全暴露出来并欢迎观赏，只需我们花些力气去辨认和转化。引导者在处理这个梦的时候有三个任务：首先，辨认潜鸟隐喻；第二，帮助做梦人考虑这个梦正讨论她自己的新兴一面的可能性；第三，强调这一发展的重要性。使用梦的语言意味着鼓励多明妮嘉尽快停车，并让她和潜鸟的相遇成为第一要务。处理此类梦的经验告诉我们，如果她可以遇见潜鸟，“把它带进”她是谁和她像什么的感知，她就可能体验到一种非常积极的改变。

感觉和情绪的使用

梦往往充满了感觉和情绪。奇怪的是，感觉内容通常是早上醒来的时候最快被忘记的。很多人在叙述一个梦的时候，仿佛正在述说一个他们完全没有情感依赖的故事。这也就是为什么鼓励你的客户（和你自己）记住一个特别的点，并记录下出现在梦的每一个部分的感情基调如此重要。梦的感情基调和做梦人清醒时的感情基调通常有一种很接近的对应关系。这种对应关系是如此之近，以至于感情基调成为帮助一个人将梦和他们的生活连接的最有效的途径之一（详见第13章）。我们梦到的一般是和我们有关的，令我们担忧的，让我们感动的，让我们害怕的，害我们伤心的事——醒自我和梦自我共同分享我们情绪的忧虑和经历。

以下是一系列梦中的一例，在这些梦里，梦的情感和醒自我的情感有密切的对应关系。

卡丽，34 岁，女性，她正遭受严重的健康问题的困扰。她的家人非常支持她，但她常常感觉他们的支持过头了，他们离她太近，提供帮助的速度太快，在她生活中给予的帮助太多。卡丽做了以下整个系列的梦，她将其命名为“找不到厕所来用”：

我连续做了四个有关厕所的梦！这到底是什么意思？在我的梦里，我想要尿尿，所以我去找厕所。我找到了一个，但我没法上，因为根本就没有隐私。它们是在户外的。在其中一个梦里，我想上厕所，但我手里拿着两个有裂缝的鸡蛋。我必须保证不把蛋液滴到地板上。当我最终找到厕所的时候，一个人先我一步进去了！她就那样一直站在门边，看到我来了，她才进去。我对她非常生气，以至于开始打她！

卡丽对此做出了这样的连接：她无法找到私人厕所的感觉和她对家人尤其是她妈妈的感觉是一样的。当她需要一些个人空间来探索和表达难过情绪的时候，她的家人就会跳进来帮助她，而这正是她最需要独处的时候。她觉得这是一种侵扰，但又不能对他们说请走开，因为毕竟他们只是想帮她。这个梦帮助卡丽意识到，她对这个问题是有多生气，她也决定通过更积极主动的方式来解决这个问题。

夸张和加急紧迫感的使用

在梦中，通常存在一种感觉：无意识正夸大其信息的紧迫性，以便试图得到自我的注意，确保自我认真对待梦的信息。当一个梦主题在一段时间内不停重复的时候，情况尤其如此。随后的重复主题的变体往往变得越来越迫切，好像要说：“你为什么不接收这个信息？好吧！如果你拒绝聆听，那么我就用更紧迫的方式来发送消息！”

琼受困于一段关系，在这段关系中，她不停地被欺骗、被出轨、被深深伤害。她知道自己应该试着离开，很多朋友已经力劝她走出来，但她就是不能。琼一直希望她的男友埃迪会最终意识到自己的行为，改变他的方式，救赎自己，也希望一切安好。她做了下面这个梦“埃迪朝我开了好几枪”：

我和埃迪一起在厨房。他走过来的同时朝我开了枪，一枪又一枪。我能感受到子弹打进我身体时的疼痛。我到处都在流血，身上有几十处子弹伤口。虽然我受伤严重，但我并不认为这会让我丧命。我不停地想这会是最后一枪，他很快就会停下来，我会去医院包扎伤口，然后就会恢复……

这个梦对琼的境况进行了非常清晰和精确的描绘，虽然非常夸张，但仍然准确无误。这个梦向她传递了一则非常清楚、简单、明确和紧急的信息——你必须走出这种境况，没有迹象表明情况会好转，你不能总是将自己置身于此。琼最终接收到了这个信息，在这个梦之后不久便结束了这段关系。

修辞格、习语、双关和文字游戏的使用

造梦器为了使信息被接收会不择手段。它会厚脸皮地使用最无耻的双关和双重含义。最常用的是修辞格和大白话；梦语实在是太多了，以至于它们常常被完全忽略。解梦师应该不断寻找这种东西，因为一旦发现了修辞格或文字游戏的话，它可以在瞬间破解一个梦的含义。（详见第 13 章）

下面这个小测试，看看你能不能在以下三个梦中发现修辞格。答案在本章末尾给出，记住可能有不止一个答案。

找修辞格测试

1. “在泳池里脸朝下”

泳池里有一对情侣（一男一女），他们正漂浮在水面上，不过脸是朝下的。我望着他们。男人的手臂环抱着女的。我意识到他们不可能呼吸了……至少传统的方式不行。我注意到了他们呼吸的方式——那个男的把脚底伸出了水面，对着天花板，我觉得那就是他呼吸的方式。我想：“哇，多不寻常啊！那肯定是一种我不知道的呼吸技巧。”然后，我放眼看过去，意识到那个女孩没有这么做。接着，我就有了这种可怕的感觉：是男的强按着女的脸朝下的，他还一直按着她，女的实际上已经窒息了。我醒了过来，立马就知道这指的就是我的情感关系。

2. “飞纸航行”

在梦里，我的伴侣 M 和我在两张纸上，纸的大小仅够一个人盘腿而坐，我们在离地几英寸的上方漂行。我们速度平稳地移动，在一条风景秀丽的路上前行，那里有连绵的群山和美丽的房屋。那是个美好的夏日，我们正享受着沿路的美景……（梦还在继续）

提示：做梦人和他的伴侣最近关系有点紧张，部分原因是其中一方开始想要孩子，而另一方并不那么热衷。

3. “比特犬咬死了我的猫”

在梦里，我有一只猫和比特犬（实际生活中我只有一只猫）。我的猫待在楼梯顶部，它正不无担忧地看着比特犬，比特犬盯着猫看，开始用力摇摆身体，它脖子上的项圈被摇得叮当响。突然，猫开始害怕，从楼梯上跑了下来。转瞬间，比特犬就紧随其后，抓住了它，把它的头咬了下来。我惊呆了，觉得异常无助。我的狗刚咬死了我的猫。事情发生得太快了，我什么也做不了……

总结

习得任何语言都需要学习和实践，梦语也不例外。学习的部分涉及解梦语是如何运作的。实践的部分只是涉及解数以几十计的梦，直到开始变得熟悉，能轻而易举地辨认出重复的主题和模式。

测试答案

梦1：在她当前的关系中，她的灵魂无法呼吸——sole/soul（英语中，脚底和灵魂同音）双关在梦中很常见。每当梦到脚底或鞋底的时候，一定好好考虑。

梦2：不在同一张纸上——这个梦表明，就算早期在他们关系愉快的日子里，做梦人和他的伴侣就一些关键问题，便已经不在同一张纸上了。

梦3：咬下某人的头——做梦人很难控制自己的脾气以及说服别人接受自己观点的强烈愿望。这个梦告诉他，他性格中有像比特犬的一部分，当这部分被释放，就会让人想自卫，并说："别把我的头咬下来！"这个梦还包含另一个双关——当时做梦人的女朋友凯瑟琳（Catherine），有一个昵称叫猫凯特（Cat），她是他的比特犬攻击的最常见的对象。就像大多数情况一样，做梦人并没有注意到这些双关中的任何一个，直到它们被指出，让他好好想一想。一旦指出来了，这些文字游戏看起来显而易见，他无法相信自己竟错过了它们。

第 4 章

人们为何羞于解梦

几年前，在一次研讨会上，我一个学生解梦师萨拉描述了以下经历：

上周，我在诊所接诊了一个病人。她做了这样一个梦：她在一所房子里，但无法离开，因为门口躺着一具毛茸茸的动物尸体。我问她什么感觉，她说是沮丧，她就是不愿意走过一具动物死尸。然后，我问她，如果自己是那具死尸，会是什么感觉。她回答："那就是我会死！"接着，我就慌了，我不知道如果我让她假设她死了，接下来会发生什么。于是，我就停止了解梦，我们继续聊些别的东西……

在这个案例中，萨拉正使用"成为那个部分"这一技巧（详见第12章）；这个方向是对的，如果她继续的话，可能会产生一些有趣的结果。不幸的是，她失去了勇气，因为她担心让她的客户想象自己死去，会给其心理带来伤害。

随后进行的小组讨论对我们所有出席的人都非常有帮助。这次讨论提出了一些有趣的观点：

◎ 在梦的语言中，一般一个人的“死”并非物理意义上的死亡，特别是在这个人作为内在指向隐喻出现的这些案例中时。相反，这可能意味着某事不是很有生机，不活泼，或被压抑。在梦中，“死去”的东西常常还能活过来。

◎ 想象力是一个强大的工具，也是解梦的主要工具。很少有东西能限制我们的想象——我们的确可以在没死的情况下想象我们死了，就像我们可以想象自己就要死了，或者在水下呼吸，或者整一系列在清醒时根本不可能发生的事情一样。

◎ 如果解梦遇到了困难，最好的策略往往是用不同的语言将问题稍微改写一下，变换一下问题的重点。一种可能的改写就是：你是否认为这个动物有可能代表你当前不是很活跃的一部分？

◎ 我们不要忘记询问内在 / 外在问题，虽然可能只是在我们心里问。这个死去的动物最有可能是内在死亡的动物（也就是做梦人那个需要更活跃、更有生机的部分）。但也可能是指向外部的，比如，它可能指的是做梦人生活中已经过世的某人，这个人的离去带来的影响使她无法冒险进入外面的世界。（详见第 12 章）

此次研讨会之后，萨拉可以更自信地重解“门口死去的动物”这个梦了，很快她也能够帮助做梦人到达一个重要的连接，这个连接带来了态度上的重大变化。萨拉的经历使我思考这一问题的所有可能原因：为什么想解梦的人都很难将这个释梦愿望变成现实呢？对于梦，一方面我们受到它的强烈吸引，但同时有一些东西让我们远离。在专业人士中，也存在相同的悖论。一方面，他们经常表达为客户解梦的兴趣，但却很少做过任何形式的解梦工作。为什么？为什么那么多感兴趣的人羞于解梦？对此问题可能有数以千计的好答案，但我想提出五种可能的回答，它们也是我在工作中最经常遇到的绊脚石：

◎ 对梦的消极和矛盾的态度。
◎ 难以感知隐喻。
◎ 害怕造成伤害。
◎ 在梦境中感到迷失。
◎ 拒绝承认梦给予的令人不舒服的真相。

对梦的消极和矛盾态度

我们对梦的态度的模糊性可以通过一个有趣的方式得到强化，那就是向人们提出这样一个问题：你认为捕梦器（蜘蛛网般的奥吉布瓦手艺，现在已经被美洲许多其他土著民族广泛采用）的作用到底是什么？

有人会说，捕梦器的作用就是拦截梦，扣留它们，这样它们就无法进入睡眠中人的脑子里（更像是挂着大蒜驱赶吸血鬼）。也有人会说，它的目的是当梦飞过的时候抓住它，并把它送进睡梦中人的脑子里（更像个渔网）。还有一些人会说，捕梦器有区分好梦坏梦的能力。当逮着坏梦的时候就会牢牢抓住它们，并把它们关在网状区，但如果是个好梦，就会允许它从羽毛上顺溜下来进入睡梦中人的头脑（从解梦师的角度来讲，这种思维方式是有问题的，因为大部分人认为的坏梦常常携带着成长和改变的巨大潜能）。一些梦本质上是“好的”，另一些本质上是“坏的”，真的是这样吗？虽然人们之间的态度有很大的差异，但大部分都是消极的。这些消极看法通常是无意识产生的，可能需要冲进有意识区域，才能解决和讨论。这里有一些我经常听到的对梦的“误解”以及相应的反驳：

对梦的负面看法以及如何应对它们

负面看法：梦是随机和混乱的。

反驳：的确，有些梦看起来是随机且混乱的，但其他梦清楚地呈现了连贯甚至是伟大智慧的证据。很多人会同意，他们做过哪些让他们感觉在传递什么信息的梦。就算只有当这些偶然的“信息梦”被认真对待之时，他们才能了解其丰富的含义。

负面看法：梦仅仅是最近事件和刺激的回流及重播。

反驳：诚然，梦的确会使用前几天的时间和刺激（这通常被简称为“日间残余”）。但是，造梦器能够从所有这些元素中进行选择，基于非常精确的原因借用它们，并在整个梦这个更大的环境中将他们用作隐喻和背景。

负面看法：梦可能包含沟通，但这种沟通是不清楚和不直接的，因此在大多数情况下它们是不可破译的。

反驳：的确，在梦中出现的沟通通常都是非字面和不直接的。这就好像我们的造梦器正在使用一种不同的语言和我们交流一样。这就赋予了我们一项责任，那就是努力学习梦的语言。梦语首先是以隐喻为基础的。一旦我们熟悉了这种语言，事情将变得更简单和有趣。

负面看法：在梦中，我们无法区分什么是“真实的”，什么是非真实、荒谬和不可能的。为什么我们要重视那些通常发生在梦里的荒谬之事呢？

反驳：因为我们的自我意识功能每晚都会被导流到我们的梦中，对新想法、经历和不可能之事，我们会比我们通常在非睡眠状态中持更开放的态度。醒自我的这种非批评品质使我们造访这样一个世界成为可能：在这个世界里，很容易发生新的和不同的事情。

负面看法：梦干扰睡眠，没有梦我们可以休息得更好。

反驳：在正常的睡眠周期中，深度恢复性睡眠时期和做梦时期是不同的。做梦时期（平均每晚五个）的首要目的是其他而非休息；这一目的看起来与领悟、沟通和指引有关。如果睡眠的这两个重要功能——休息和做梦——无法以健康的方式共存的话，就会出现问题并需要解决。忽略或抑制人的梦生活显然不是答案。

负面看法：梦可能令人恐惧和痛苦；为什么我们要通过回忆和重述它们，让自己置身于更消极的环境中呢？

反驳：梦的确是恐怖和折磨人的。很多这样的梦可以被看作是非常紧迫的信息，亟待一个回应。如果不接收也不回应它们，那么这些可怕的消息会一次又一次地被传送，将痛苦无限延长。如果我们可以学会用更积极主动的方式去回应我们的“坏”梦，在大多数情况下，它们会逐渐变好。通常是“坏”梦携带着成长的最大潜能，但前提是我们必须面对它们。

负面看法：无意识就是无意识，不管是什么在里面，就应该只待在那儿，包括梦。

反驳：如果无意识意图保持完全无意识，那么将很难解释人类经验的整个领域，因为它涉及有意识的接触和无意识的接触。这一领域不只包含梦，还包括直觉、顿悟、预知、本能直觉感受反应、同步和预感，更不用说所谓超自然经验的整个领域。很明显，在正常的心理健康状态中存在一个沟通轴，这个轴在无意识和有意识之间运作，这种沟通的重要部分都是在梦中发生的。

对解梦从业者来说，准备好这些论据可能非常有用。当我想试探一个特定的客户，了解他们是否真的对解梦感兴趣时，我通常会问他们这样的问题：“你对你的梦有什么感觉？你认为它们重要吗？你觉得它们有话要说吗？你以前解过梦吗？如果没有，为什么没有呢？”这种询问通常会引发各种各样的对梦的保留和消极态度，接下来就是去讨论和解决这些保留和消极态度的时间了。

识别隐喻的困难

我们的文化在许多方面都是外向、物质和文字的。很多人不习惯和隐喻、象征打交道，他们天生就不擅长理解隐喻，也没有接受过这方面的训练。这样的人不容易接受这样的观点：梦中的大象很可能是他们内在的，或者影响他们的像大象一样的一些东西。因为隐喻包含了梦隐喻主要的“意义－包含”元素，抗拒的人常常觉得解梦相当费劲，甚至荒谬。他们常常只是“不理解”，因此不可能相信其相关性。

几年前，我体验了一次令人沮丧的解梦工作。解梦对象是一名叫威廉的66岁男性，他向我讲述了“打倒两只猴子”的梦：

我听到有两只猴子在床尾，我一手逮起一只，然后把它们打倒了……醒过来的时候，我非常震惊自己竟然会做这样一个梦。我不是一个暴力的人，而这是一场特别暴力的对抗！

威廉和我合作了约30分钟来解这个梦，在这个过程中，我试图用各种各样的办法让做梦人考虑，猴子是正困扰他的某事的隐喻，但他坚持认为，毋庸置疑，它们就是字面意义上的猴子，因此这个梦是荒谬的，因为他绝不会暴力伤害猴子。对我来说，这（用另一个隐喻）就好像要强行掰开他的嘴巴，让他开口说话一样。由于威廉在这个过程中没有得到任何东西，所以这吸引不了他，很快他就开始觉得疲劳并恼火，继续下去似乎变得毫无意义。

害怕造成伤害

潜在解梦师深入研究梦的担忧之一就是，他们害怕由于对梦的处理不当和误读会给另一个人的心理造成伤害。前面提到的“门口死去的动物”解梦一例显示了，一个善意的梦引导者是如何因为害怕造成伤害而在她解梦的路途中停下来的。解梦确实存在伤害的可能，这与其他心理咨询形式一样。同样，减少因此带来的伤害的保障措施，也与其他心理咨询形式类似。但是，我已经多次观察到，欣然接受使用心理治疗和心理咨询的其他形式的从业者却会羞于解梦，即便解梦的要求是客户提出来的。这种不情愿可能源自对梦的本能尊重，一种知道“梦是通往无意识心灵的大门”的意识。因此，如果要穿过那道门，我们必须谨慎并充满敬意。

无意识头脑中的内容是否希望被暴露？几年前，我内心一直有这样的疑问，和一些相关的问题——是否有一些梦不应受到任何形式的审查？是否有些人不应该解他们的梦？无意识中是否存在一些不应触碰的区域？然后我就做了一个看似就这些问题有话要说的梦，我把它叫作“愤怒的海豹”：

我正在度假，在加州马里布的海滩附近租了一处房子。我刚到，就迫不及待地来到海滩想要一探究竟。我和我的狗朝海滩走去。我们到的时候才发现，那并不是真正的海滩，而是大块的水泥台阶，一直延伸到水里。水是美丽的绿松石色，看起来非常诱人。当我的狗走下去，把爪子探进水里的时候，一个站在附近的男人非常不满地看了它一眼。我很惊讶——难道不允许狗狗来这吗？然后，一只海豹站在了水里，离我们大概 20 英尺，它正拿着一块大石头往我们这边扔来。我把狗叫到我身边，让它远离水边。然后，比第一只还大的海豹站了起来，握着一块更大的石头，面对我们，它将石头径直扔过来，差点就打到了我们！我用皮带牵住了狗，然后往后退……情况看起来非常严重……我不想和这些海豹搅在一块儿……

这个梦有非常熟悉的强度升级模式（我认为既是原型也是心理动

力学），这种强度升级模式是通过三次遭遇战实现的——首先是不满的旁观者，然后是第一只愤怒的海豹，接着是第二只海豹，它更大，更生气，扔石头也更准！这个梦似乎正在说无意识想要保护自己免受某些不必要的入侵。它们的沟通很清楚："离水边远一点！"

在梦中，海滩或海岸线通常隐喻有意识和无意识的临界区，这一临界区为很多发生在那里的现象设定了一个舞台，包括回忆梦。在这个愤怒的海豹梦之前，我的海岸线梦通常都是诱人且神秘的。我常常觉得我可以探索海洋，假如我想的话，可以往深处冒险，阻止我的只有我自己的恐惧和卡滞。但是，现在两个本土海洋居民正阻挠我，似乎充当着纵深守护者的角色。几年前的一次诊疗中客户说的话，正通过梦的形象回响起来了：如果无意识只是想保持无意识状态呢？我开始感觉自己是一名商业捕鲸人员，因过度捕捞，把最好留在海里并不被骚扰的东西打捞上来了而被判有罪。我决定我必须接受这个梦是个自我检查梦，这个梦为不平衡或偏离的自我定位提供了补偿和映照。

这是否意味着我对待梦的方法太激进了呢？我的某种方式是否对潜意识的完整性不够尊重？我处理梦的方式是否太"加利福尼业"了？因为梦发生的场景是马里布（于我而言，"加利福尼亚"可能意味着任何人都可以承办一个研讨会，也可以拥有一个心理专家思维模式）。它是否在提醒我，有那么一些人不应该从事解梦工作？或者在一些情况下，解梦可能是有害的或者不当的？

我决定开始与梦的一个关键元素进行一次直接的体验式碰撞，以便更加清晰地了解梦的信息。这是一个想象回应，发生在我醒着的时候的想象里，使用的背景和人物都完全来自梦中。我突然想到，可能是我的狗的出现惊扰了海豹。这只狗很特别，它是混种狗，包含一些边境牧羊犬血统，因此它绝对有追赶牧群和穷追不舍的本能。这可能代表一种，对想要"放牧"梦和做梦人，朝我想要从梦中提取有意义的信息的期望目标进发的、过分热忱的态度（这可能是对我当时工作的公正批评，希望现在我没有那么激进了）。我决心尝试以下想象，作为对梦的回应：

我用皮条牵好了我的狗，并把它带回了沙滩别墅。然后，我独自回到了海边，站在边缘。那个不满的男人已经不在那了。我等了一会儿，海豹也没有出现。我把这理解成，当我在没有狗的陪伴下接近的时候，它们并不那么强烈反对我的出现。我冒昧地走下了水泥台阶，慢慢地，一步一步地，进入了水里。海豹仍然不见踪影。我游进了水中，一开始靠近岸边，但把头都浸入水里，左顾右盼寻找海豹的身影。我看到了，它们在远处，很多很多。我盯住它们中的一个（我觉得它就是那个梦里的那只大海豹）。它向我靠近，皱着大大的眉头，看起来有点烦躁，但并没有侵略性。我们在水下面对面。我告诉它，我知道这是它的世界，而我只是一名访客。我解释道：我对深海的生物万分尊敬（甚至尊崇）。它咕哝了一句："记得确保你的狗离这儿远点。"我答应我会的。它转身走了。当它与我擦身而过之时，我能感受到它体内的巨大力量。我回到了陆地。

从这以后，我尝试在解梦过程中尽量不让牧羊犬能量参与其中。这对我来说很困难，因为我对梦有很深的迷恋，让我将事情保持在激情但不过分热忱的范围内往往很难。面对无法集中精力回忆和正确记录梦的人，我仍然会变得不耐烦。每当这时，我就会抬头看一看挂在我办公室墙上的海豹照片，照片中，海豹正从水里探出头来（我把它称作"无意识头脑的守护者"，将其挂在那儿就是对梦的回应）。它提醒我：客户表面上的懒惰可能是他保护自己无意识不过度流失的方式。我现在更尊敬无意识的自然发生的防御和回避。在寻求梦材料的方式上也会更有技巧，而我也以收到越来越多材料的方式得到了回报。我仍然相信，在大部分时候，无意识都想通过梦进行沟通交流。我们只需要记住，海豹不是羊。

我相信，梦可能是一种沟通的尝试，很可惜的是，这些尝试中的很多都因为恐惧无法与任何人连接。根据我的经验，在解梦的时候迷失或陷入困境，通常不会造成任何伤害，只会产生一种未完成和不确定的感觉、一种信息还没有被完全理解的感觉。

在梦境中感到迷失

可能人们羞于解梦的最常见原因就是，有过尝试解梦，但完全迷失的经历。既然我们能够做有关宇宙中任何事情的梦，不管真的假的、可能的不可能的，还是过去、现在和将来的，那么解梦过程中的迷失也是常有的事。

然而，经验丰富的解梦师总有解决问题和在梦境中定位的方法。他们是如何做到的呢？我怀疑，很多解梦师使用训练有素的直觉认清形势；通过经验，他们能够辨认以前遇到过的梦的特征，这开始塑造他们在进一步解梦中会使用到的问题。他们正使用的可能并非正式的技巧或方法，但在表象之下，一定有一种方法在运行。本书教授的方法强调的是定位。你将学习并练习七种可靠的定位方式（详见第 12 章）。

拒绝承认梦给予的令人不舒服的真相

梦总是对我们的行为和我们的想法及观念的准确性做出反馈。如果我们不想要这样的反馈，那最好置我们的梦生活于不顾，因为它将加班加点为我们展示我们的自我立场，希望我们认识到改变的需要。这种给予我们反馈、反思和现实检查（我将其称之为自我检查主题）的梦主题是非常重要的一种。

总结

问问你自己：是什么阻止了我对自己的梦进行更频繁和深入的分析？或许你的缄默与上述讨论的问题之一相关。不管是什么正在阻碍你，也许现在是时候去挑战你的抵抗力，并激活你与你的梦生活之间的关系了。

第5章 解梦的目标

解梦的目标是什么？当我们解梦的时候，什么才是真正有帮助的？解药在哪里？假定我们的目标是获得对梦的某种理解，但“理解”可能意味着不同的东西，因此我认为当我们为客户解梦的时候，清楚地知道我们想要的目标是什么很重要。我们的目的是为了解读这个梦吗？去分析它？这些术语到底是什么意思？让我们简要地讨论一下这两个术语，并想想它们的内涵和联想：

◎ 梦的分析：分析一词来源于希腊语，意为“松动”或“解开”，带有仔细检查非常复杂的事物，以便将其分解为其组成元素之意。这个词也带有非常强的来自弗洛伊德精神分析的联想，这些联想我认为是适得其反的，特别是这样的观念：梦如此复杂，其真实含义如此乔装打扮，以至于需要一个训练有素的分析师来解码。

◎ 梦的解释：解释一词来源于拉丁语，意为“翻译”或“转化”。在我看来，这个术语比“分析”好得多，因为在解梦中，确实存在一种翻译——一种做梦人的隐喻性语言与做梦人梦醒理解中的更自我中心的语言之间的转化。然而，“解释”一词仍然带有这样不幸的内涵：需要拥有大量背景知识的专家来向做梦的人解释梦。

在我看来，这两个术语都是有问题的，因为它们倾向于将梦远远地带离做梦人。然而，梦只能被/由做梦人真正理解，因为梦源自他的生活。我由衷地赞同国际梦研究协会《解梦伦理声明》一文的作者的观点，这个观点认为：“把理解梦的含义的权威或知识分配给做梦人以外的某人的解梦系统可能是误导性的、不正确的和有害的。”[①]

第一个目标：将梦与你的生活连接

如果我们把分析和解释放在一边，瞄准不同的目标呢？就我的经验而言，处理梦的最积极有效的方式就是帮助做梦人将梦和他的生活连接。促进对连接的理解比分析或解释要简单和直接得多。它可能包含解释和理解的元素，但本质上并非这两者。最重要的是，它必须由/和做梦人完成，并且必须与做梦人产生共鸣。

下面我将用我自己的梦作为例子，来进一步说明连接的概念。这个梦是我最近做的，我将其称为“生火”：

我正在篝火旁，试图点燃一块大原木。附近坐着很多其他人。他们似乎在看着我，但并没有帮我生火的打算。我有这种感觉，生火就只有靠我了。我花了很长时间在大原木的旁边生了小火，然后开始吹，我吹呀吹呀，用尽了全力……想让火烧起来。好几次我感到阵阵

---

① 《解梦伦理声明》，国际梦研究协会伦理委员会主席卡罗尔·华纳编写，1997。网址：www.asdreams.org/ethics-and-confidentiality/。

沮丧和困惑！——应该足够热了呀！为什么还是着不起来？然后……终于！……小火苗爆发成了火焰！整个场景突然沐浴在温暖和光明中，每个观望的人都欢呼起来！我感觉棒极了！

当我醒来时，我立即感觉到这是一个重要的梦。它栩栩如生，而我记住了它，并伴随强烈的感情。此外，这个梦还有非常清晰的连贯性——一种内在的智力正试图传递信息的感觉。但是，信息是什么？作为我自己的解梦师，我有意问自己："这个梦是如何与我的生活连接的？"我想设置一个有助于我建立连接的问题。由于这个梦充满了强烈的感觉，通过这些感觉建立连接是个不错的办法。我使用了以下构想——我重述了梦中之感，然后自问，这些感觉存在于我生活中的哪一处：在梦中，我觉得为了促成某事，我必须投入大量的、持续的努力和能量，我觉得有其他人在场并对我正在做的事情感兴趣，但我必须独立完成。对于所耗费的那么长的时间，我感到沮丧和困惑。在生活中的哪一处，我有这种复杂的感觉呢？

在这个设置的帮助下，我能够快速地做出共鸣连接——在我努力创作和出版这本书的时候有过这种复杂的感觉。持续的时间之长令人沮丧，并且需要投入大量的精力。我觉得，尽管很多其他人对此感兴趣，但是他们并不能真正帮助我。令人鼓舞的是，这个梦似乎在说，这个项目最终会着火的。获得这个领悟对我非常有帮助，当我对我的创造性工作感到气馁或厌烦的时候，我就会想起这个梦。但是，在此我们进行了何种形式的解梦呢？我们可以将此称作分析或解释吗？可能两者兼而有之，但基本上这仅仅是一种旨在导向连接理解的技巧。

连接可能是一件难以捉摸和不可预测的事，有时会自发发生，有时仅凭运气，有时你不需要任何帮助，便已形成一个共鸣连接，而有时它永远不会发生。但是，在大多数情况下，你将会从使用结构性技巧中受益。有没有可靠、直接、易于学习的技巧可以帮你实现共鸣连接呢？当然有！我在本书余下的章节中描述了我在诊疗中每天使用的三个主要连接技巧。

双共振测试

我们如何知道我们什么时候在梦和做梦人生活之间进行了良好的连接呢？简单的答案就是共鸣：有一种共鸣的真实感发生。当一个人帮助另一个人解梦时，就产生了双重共鸣，意即此连接与做梦人和解梦师都产生了共鸣，就像是两个音叉开始一起震动。（这看似模糊且异想天开，但当它确实发生的时候，便是非常明显和明确的。）做梦人和解梦师同时拥有了“啊哈”经历；“对！正是它！那就是连接的地方！”——任务完成。共鸣在情绪身体被感知，并使其兴奋，一种明确的快感。如果连接似乎只发生在心理层面，没有这种特殊的情绪反应，我会发现它远不那么可靠。于我而言，正是这种体验感觉——我意识到的兴奋的感觉，是梦和我生活之间的连接——这就是我正力争的目标；这就是解梦的第一个目的。

第二个目标：回应梦

第一个目标达成后，第二个目标就可以登上中心舞台了——既然我已经理解了这种连接，现在我应该做什么呢？在我的经验中，每个被共鸣连接和理解的梦都可以被视为改变的请求。理解一个梦之后，我们总是可以拟定这样一个问题：这个梦想从我这儿得到什么？我们当然无须以这种方式看待梦，但我们“可以”这样看待它。如果我们这样做的话，我们正获取梦的信息为我们的个人成长服务。我们正使用其指引。现在一种不同的好处开始发生，当然当我们只问“这个梦什么意思”的时候，这种好处并非一定会发生。如果我们能将问题转移到“梦想要什么”，我们就处在了一个更动态的位置，尽管这个位置需要一些专注的努力和坚持。第14章《如何回应梦》将更全面地讨论这一问题。

总结

下次如果有个梦引起了你的注意，试着从以下两个目标的角度看待它：它是如何与我的生活连接的，它正要求我什么？这是不是与你平时思考你的梦的方式感觉不同？你可能会发现你正使用一种不同的方法，就好像你正与某人对话，这个对话可以随着时间的推移而继续和演变。确实，你正与某人交谈——你自己的内在自我。你不但正试图感知现在已经过去了的一个事件的意义（我将其称之为梦的解释），而且正投身于一个不间断的过程，这个过程活在当下，并向未来进发，这就是解梦。

第6章

那些值得研究的梦境

布伦达，60岁，女性，是我解梦工作中的常客。几年前，我们的诊疗进行到大约2/3的时候，我问她是否有梦要分享。她回道："嗯，我有，但是我不确定是否有我们可以真正处理的信息。这只是一个更长的梦中的小片段，但很抱歉我就是回想不起来这个片段以外的东西。"她似乎并不情愿，就好像她想避免谈论这个梦一样。在我的经验中，当某人用这样的免责声明引入一个梦的时候，我知道我将听到一些非常重要的东西，这些事情经过分析的话，将产生有价值的见解。这就是布伦达的梦的片段，我们将其称为"大个子男人用大头针扎我"：

……我在一个角落里。一个身穿大衣的金发大个子男人正用大头针扎我全身。他以非常快的速度把针扎进去拔出来。我吓坏了。我只有蜷缩着身子，努力让自己变得更小一点……

当我们开始解这个梦的时候，这一点很快就变得很明显：我们正开采一座金矿。这个梦片段告诉布伦达她正畏缩在一个受虐狂的位置，任由自己被重复伤害。但是，在她生活中的哪一处这样的情况正在发生呢？通常查明真相的最佳方式就是重入梦境，并重新体验梦所带来的情感影响。

贴士：

首先要弄清楚在梦境中，梦的需求是什么，然后将这一领悟转化到清醒时的生活中。我鼓励布伦达回到梦境。她想如何改变这种情况？她什么也想不出来。她的想象力似乎被困在如梦中所描述的同样的畏缩境地，她根本无法想到任何更好的选择。这种想象力瘫痪的情况，便是进行积极促进的时候，需要某人将一些可能性摆到桌面上供做梦人考虑和尝试。

我问布伦达："你想反击吗？你想逃跑吗？你想寻求帮助吗？"她就所有这些可能性思考了一段时间，然后说："我想反击。"我注意到，她在这么说的时候，声音似乎更坚定，有一种新的决心和力量的感觉，这种感觉是此前没有的。接着，我让她想象摆脱蜷缩和畏缩的姿势，站起来直面拿着大头针的攻击者。她这么做了。"接下来你想做什么？"我问。她的想象力现在已经完全松开了，她不再需要提示。"我正把他往后推。"她说："我正对他尖叫，那个浑蛋！'你怎敢这样对我？'"

这一充满情感负荷的时刻带来了一种完全共鸣的连接——布伦达现在明白了，梦中的男人正扮演她父亲的角色，那个她被动地允许别人一次又一次伤害她。这个简短的想象体验也非常清晰地表明：她需要摆脱其受虐姿势，站起来面对他，并在必要的时候把他挡回去。

现在她知道了梦正要求什么——某种坚定的自我防卫行为，以防止其父亲继续伤害她。她是通过想象，将自己重置于梦境里的措辞和背景中，而取得这种理解的。

现在让我们来解决下一个问题：她如何能够在她清醒时发起与此类似的改变？我建议布伦达在采取任何外部行动之前先在想象层面演练几天。现下，我建议她花三天时间，每天重回一次梦境。这种内部练习会让做梦人在外部世界处事时决心更坚定。在使用想象－仪式－现实指南（IRA）的时候，建议先做这个想象作业，接着是一封仪式上的写给她父亲但并未寄出的信，最后才是与父亲的现实对抗。

布伦达差一点就丢弃了这个梦的片段，因为这并非一个完整的梦，而仅仅是其中的碎片。但事实证明，这竟是她最有价值的梦之一，因为它是如此清晰且易于解读（在所有三个层面上）。

我引用布伦达的案例，因为它说明了一个可解的梦所应包含的几个重要方面。第一，绝不要因为一个梦太简短而舍弃它；第二，如果你有一个独立的梦片段，你并不需要整个梦；第三，如果有人在开始描述一个梦的时候试图通过使用“这不过是……”的措辞来淡化一个梦的价值，可能意味着你将会听到一些很重要的信息；第四，在解梦中，任何带有强烈感情色彩的梦或梦片段都可能产生良好的效果。

好梦的基本标准

很显然，对于聚焦式的解梦而言，一些梦对比其他梦更好。我们无法解所有我们做过的梦，因此在选择我们愿意投入时间和精力去解读的梦之时，必须进行挑选。因此，我建议，当我们评估一个梦的可解潜力的时候，可以考虑以下标准：

◎ 连贯性：有些梦具有一种信息般的素养，它们看起来是由心理的某一智能部分创造出来的，包含特定的、用叙事的方式组织起来的信息。在做了一个连贯的梦之后，做梦人会感觉到，他们被展示或告知了什么东西，他们被“谈话了”。

◎ 怪异性：有些梦具有显著的怪异性或独特性。做梦人在醒来之时自己也会惊奇：“我怎么会梦到那个呢？真是怪事！”在解这种梦的过程中，通常会产生有趣的结果。因为这样的梦都有一个自然焦点——奇怪的部分，因此相对来说比较容易解。

◎ 紧迫性：一些梦具有一种惊人的感觉强度，就好像它们正描绘的事情非常重要，并需要紧急关注。这种紧迫感通常是通过超乎寻常的梦境的生动性和带有的高情绪电压的方式来传达的。也正是基于这种生动性，它们更难被忘记，因此在记忆中停留的时间也会更长（确实，对许多人来说，这是他们能记住的唯一一种梦）。

◎ 重复性：如果一个人的梦总是重复，或者梦中有重复的主题，这可能暗示着一个正呼唤注意的停滞点。无意识可能正在说：“这正是我们被困的地方，如果这个问题不得到解决，我们就没办法继续。”关于如何区分功能性重复和功能失调性重复的技巧，请参见第12章。

◎ 普遍性：如果你能辨认出在梦中出现的熟悉或普遍的主题（尤其是在普遍主题部分描述过的主题中的一个），那么你能进行有益连接的可能性将大大增强。原因在于，通过辨认潜在的心理动力学问题，我们进行了定位，而且，正是这一潜在的心理动力学问题制造了梦。

◎ 停留的力量：如果一个梦基于某种原因一直停留在做梦人的脑海里（甚至从童年以来），那么可能这个梦非常重要，并且值得重温。

我相信这些标准大都是不言自明的。本书的第三部分将详解普遍性的问题，涉及主题辨认。对于前两种品质，连贯性和怪异性，可能需要进一步说明。

连贯性

连贯性可能是一个优质的可解之梦应具有的最重要标准，但很难对这一特性下定义。或许将其描述为一种信息被传递了的感觉最好不过。做梦人可能并不理解这一信息，但却有一种他们被传递了一则信息之感。造梦器似乎选择且组织了一些内容，并将这些内容揉成了某种带有信息的故事。

梦并非总是具有这样信息般的品质。即使有些梦被很好地锁定并定位，它们看起来仍是非常混乱且无组织的。它们看似无意识随意摆放的内容，很迷人，也非常生动，但并未成为连贯的形式。一个梦越不连贯就越难被记住。在上半夜的深度睡眠中发生的梦往往如此——清醒的头脑常常会觉得它们如此奇怪和混乱，以至于无法掌握足够长的任何东西来进行理解。遭遇急性病或发烧时做的梦也具有这种特征，这些梦往往生动且令人苦恼地不断重复，同时又完全混乱和荒谬。

有的人说他们的梦总是杂乱荒诞。是否可能有的人从未有过连贯的梦呢？我的经验是，人与人之间，梦的连贯性差异显著，正如记忆梦的能力也存在显著差异一样（确实这两者可能相关，因为记住连贯的梦故事要比记住不相关的精神内容的摘录容易得多）。

尽管如此，我仍确信，这是可以通过练习得到改善的东西。培养自己把“梦看作信息”的观念会有所帮助，因为，如果做梦人希望从自己的造梦器中接收信息，那么造梦器将通过发送更多相关且连贯的信息的方式做出回应。

记忆模糊的梦和冗长杂乱的梦

记忆模糊的梦和冗长杂乱的梦可谓解梦师的两大天敌。如果一个梦只能被模糊记忆（未被很好地捕捉和锚定），原因可能是缺乏连贯性。

如果你觉得客户的梦描述不完整或顺序杂乱，那么不要试着将其作为一个完整的梦去解会更好。在这一点上，你有两个主要选择——你可以完全放弃这个梦，并尝试去解另一个梦，也可以只解这个梦的其中一部分。

贴士：

如果你无法解整个梦，那么就解其中的一部分。

冗长杂乱的梦可能非常难解。连贯性受到损害，因为实在太多材料了。在处理这样的梦时，试着将其分解，抽取其中连贯的片段，这个片段看起来有其自己的完整形式（它自己的开头，中间和结尾）。与一个梦的一小部分取得有益连接比在有太多东西要处理的整个梦中迷失和乱了阵脚要好得多。如果你的直觉正牵引你前往梦的一个特定部分，那么请相信，你的直觉会选择那个部分对其进行处理。

记住，如果不进行某种程度的定位，你是无法做出有益的推进的。如果你在倾听某人的梦时感觉这个梦似乎太长或者要处理的东西实在太多，那么就只解其中的一部分。选取你最感兴趣且最得心应手的那部分。对你的客户或自己说："好吧，就让我们来解梦的这个部分吧。"

挑出梦中奇怪的部分

如果一个梦包含一些因奇怪或不协调的原因而显眼的东西，那这就是一个解梦的绝佳候选项。这就像造梦器向梦中的一件特别的事投射了聚光灯，以此来吸引你对这件事的注意一样，并说"理解这个梦的关键就在这个奇怪的部分这里"。这梦相对而言易解，因为它有一个自然的焦点——奇怪的部分。

埃伦，58 岁，女性，3 年前丈夫过世，她现在仍为此感到悲伤，并且无法接受丈夫的离去。她讲述了一个很长的梦，这个梦有很多细节。我选择解析的这个部分描述了一些非常奇怪且不协调的东西。我们将其称为“大蚱蜢”：

我丈夫和我在我们家。屋子很漂亮，但并不像真正的家。我丈夫的身体与我同在，但奇怪的是，他没有任何情感和社会认知。他的空白茫然既让我害怕异常，又令我痛苦万分。突然，我的前姐夫出现了。这使我更烦躁，因为我只想和我丈夫待在一起。我们以前的小白狗也跟着我们在屋子里转，并发出声响（这使我们震惊，因为我们只想安静）。我姐夫和一只狒狒在门外等着——他们就那样呆呆地坐在楼梯上等待。我们把他们关在了门外。然后，令我们惊讶的是，一只大蚱蜢出现在了屋子里。

乍一看，这个梦中出现了两件非常奇怪且不协调的东西——狒狒和蚱蜢。但埃伦对狒狒连同她的前姐夫的出现并不感到奇怪；她觉得她姐夫就像狒狒，且常常感觉他是个不受欢迎的存在。她能理解这一比喻，并且不觉得奇怪或不协调。与此同时，不管是在梦中还是在梦醒状态回忆梦之时，她都觉得这个蚱蜢确实很怪异且不合时宜。为何会有一只大蚱蜢在屋子里？

这一怪异性凸显了蚱蜢的重要性——造梦器将一只蚱蜢放到了聚光灯下。为什么？一定是因为什么重要的原因它才在那里。我们仍不知道原因是什么，但我们觉得蚱蜢可能是解决梦片段中呈现的问题的一种途径（问题是，她丈夫在但又不在，隐喻为她无法完全接受和处理他死亡的事实）。正是这一怪异性吸引了我们的注意，这一点在解梦中经常发生。

很多在梦中出现的怪人怪事，在一开始并不能完全被理解，或者要很久以后才能被理解。但梦中的这些奇异之人事，并不应该被忽略和忘记。因此，我给埃伦布置了一项回应作业，旨在保持意象在其脑海中的活力和相关性，并邀请她的造梦器更多地讨论它。我让埃伦使用她的视觉想象力来回想蚱蜢，想象它在屋子里，每天重复几次这个过程直到下一次诊疗。这种回应方式向造梦器回传了一种强大的信息：“我对蚱蜢很感兴趣，请告诉我更多有关它的东西。”这是一种常常被称为“梦孵化”的技术：请求对特定对象的进一步梦输入。埃伦的造梦器在几个月后传送给她另一个描述蚱蜢的梦，通过这种方式，对她进行了回应（参见第 14 章中的“吟游诗人的蚱蜢表演”梦）。

贴士：快速选择好梦的清单

如果有人问你（或者你自己想知道）：“我有好多好多的梦，到底应该选哪个去解呢？”这里有一些好建议可以指导选择：

◎ 你有没有什么梦有重复的主题？

◎ 你有没有什么梦已经存在很长时间了？

◎ 你有没有什么梦让你觉得奇怪或神秘？

◎ 你有没有什么梦看起来非常生动或者情感强烈？

总结

如果你梦很多，那当然需要做一些选择。解梦确实占用时间，我们大多数人已经够忙了，那就跟着你的直觉走。如果你的直觉并未给你一个清晰的答案，那就试着使用我们已经讨论过的这些指导方针。对于我和我的学生来说，它们都被证实了非常可靠。

第

7

章

梦的固定含义

塔拉，女性，具有斯里兰卡背景。她做了一个梦，梦中，一只双眼发光的乌鸦出现在她的窗前。也许与她的文化背景有关，塔拉有很多关于乌鸦的负面联想，其中包括它们很普通且脏。她也有点受到大众文化的影响，认为一只试图进屋的鸟是不祥之兆，特别是一只黑色的鸟。此外，塔拉还将这只鸟和一部电影联系了起来，在影片中，一个女人看见了一只乌鸦，然后她的情人不久之后便死了。这已经是三层消极关联了，然而她梦中的乌鸦却有着非凡的发光的双眼，且正试图和她沟通。当她告诉我这个梦的时候，我强烈感觉到乌鸦对于塔拉来说可能具有非常重要和积极的意义。但是，她是否愿意从积极的角度来看待乌鸦呢？以下文字是对塔拉的梦的逐字记录，这个梦名为“眼睛发光的乌鸦”：

那是晚上。我在屋子里，外面黑漆漆、阴森森的。风在咆哮，天边挂着月亮。我把我的狗送了出去，正等着它归来。我盼望着，盼望着，可它就是不回来。我看见窗边有只乌鸦。窗子有点向外倾斜，所以它不能直接飞进来，但它就是待在窗外，而且有着发光的白眼睛……一只黑色的乌鸦。然后，它竟设法通过窗户进到了屋里。我记不清它说了什么，但是用某种咕咕叫的声音说的，听起来并不像乌鸦。一种嗡嗡声和咕咕声，更像鸽子……它告诉了我一些不同的东西，或者它也因为狗还不回来而担心。为什么狗还不回来呢？我实在不记得它告诉了我什么。

解梦师：你对乌鸦和你待在屋内做何感想？

塔拉：我觉得还好。一开始它在窗边的时候，长着那样的眼睛，还试图飞进屋里来，着实有点吓人……一旦进来了，我觉得它有什么东西要告诉我，所以我觉得还好，没有受到威胁的感觉。我并不害怕。一开始我有点惊慌，但后来就觉得它待在屋子里也没问题。

解梦师：这个乌鸦对你来说有不好的内涵吗？

塔拉：乌鸦很常见，并且和污垢有关。所以，我在想为什么我会梦到乌鸦呢？它是有点普通，但它的眼睛又让它不普通……好像来自另一个世界。

解梦师：你觉得你可能是那只乌鸦吗？想象一下你就是那只乌鸦。

塔拉：好……这很不同……让人害怕，因为它很强大，因为它所知道的和它正带来的信息。要成为这只乌鸦，必须要有很强的灵性和很大的力量，我差一点就觉得自己做不来。（长时间停顿）我不知道乌鸦正说什么……

解梦师：但是，只是想象一下成为乌鸦的感觉。

塔拉：膨胀和力量……和一切……就是一种无限扩张之感。

解梦师：你喜欢那种感觉吗？

塔拉：是的。积极、强大……它的强大让人害怕。

现在，必须做一些集中工作来帮助塔拉接受乌鸦的积极品质，让她从对乌鸦的旧关联中走出来。在我们的诊疗结束时，乌鸦对塔拉来说已经变成了一个非常积极的意象，也是“鼓舞人心的接触主题”的另一个例子。就像前面提到的“大潜鸟”一样，乌鸦向做梦人展示了新的潜力象征。狗的消失模式伴随着乌鸦的出现，这似乎代表了一种重要的内在转变——旧的和熟悉的被新的和神秘的东西取代。

当我们在处理出现在梦中的一个关键人物或物体的时候，对此人/物可能携带的所有可能的含义和关联我们都要保持开放态度，这一点很重要。比如，梦中的蛇并不只具有一种固定含义，它实际上可以包含数千种不同的含义和关联，这些含义和关联对特定个人和梦正解决的现状而言都是独一无二的。我发现，固定含义和解释的问题往往通过三种方式渗透到解梦工作中：

◎ 来源于做梦人文化的与梦中某些人物的固定关联。比如，我曾与几个有东欧背景的人合作过，他们认为，如果一只鸟进了屋子，这“总是”意味着做梦人将很快得到某人去世的消息。

◎ 来源于书本、梦词典、梦网站等的固定关联。比如，现在有一个解释梦见的动物的网站告诉我们，梦见猴子“象征着欺骗”。

◎ 从精神分析早期存活下来，以及现在仍顽固地根植于某些人思想中的弗洛伊德的陈词滥调。下面是一个弗洛伊德强迫性教条主义的例子。他认为：“所有细长的物体，比如棍子、树干和雨伞（雨伞的打开可比作勃起）可能代表男性器官——以及长的锋利的武器，比如刀、匕首和矛。盒子、箱子、抽屉橱柜和烤箱代表子宫，还有各种空心物体，如船舶和船只。梦中的屋子通常代表女性，如果各种各样在屋子里进进出出的方式被呈现，对此的解释几乎不会受到任何质疑。也没有必要明说打开屋子的钥匙是什么。”[①] 在所有这些解释中存在的问题很简单，那就是它们限制了可能性的领域，将我们锁进了一个只有一种意义可能的系统。

如果做梦人偏爱一种固定的含义怎么办

可能经常会有这样的时刻，你觉得你的梦中人物一定是XYZ，因为在梦中，像那样的人物一直都是XYZ。当这种情况发生的时候，停下来想一想：我是不是太过于偏爱一种固定含义？是否存在其他可能性？这个时候正是尝试成为那个人物的好时机。通过直接和梦中人物感同身受，你常常可以跳出既有关联的限制，去体验一整套新的关联。这无关对错，只是为了不限制你自己。

在《通用梦之密匙——全球最常见的12种梦主题》一书中，帕特丽夏·加菲尔德（Patricia Garfield）讨论了一些常见的梦主题，这些主题都包含了文化影响这部分。她指出："不论你在儿时被教过或经历过什么，这些东西都可能长存于你的梦中恐惧里。”[②] 每当你在处理梦中人物的联想之时，请注意这一文化和家庭层面的东西。这些继承而得的关联当然可能是“真实”和有效的，但它们也可能具有局限性。解梦师必须在它们出现的时候，提防它们并准备好提出质疑。

---

① 弗洛伊德，《梦的解析》（纽约：雅芳图书，1965），第389页。

② 帕特丽夏·加菲尔德，《通用梦之密匙——全球最常见的12种梦主题》（旧金山：旧金山哈珀出版社，2001），第4页。

贴士：包括并展开

如果你正帮助某人解梦，他们说了像这样的话：“在我的文化里，当你做了有关X的梦，那就意味着……”或者，“我奶奶过去常说当你梦见了Y，这意味着……”，那么你可能正遭遇固定含义的问题。不要挑战或否定做梦人的关联，就算你觉得这对所做的梦是极大的不公平。用一个包含并扩展的短语，比如：“好的，很好，有那种可能。现在让我们来看一看是否也存在另一种可能。”然后，如果你觉得他们可以接受，让他们成为X，看一看是否能体验到某种新的关联。如果在真诚地探索了一种可能性之后，做梦人又回到从她奶奶或者文化中习得的最初关联，并感觉这就是最真实和最具共鸣的连接点，那么，那就这样吧。你已经尽职尽责了！

总结

梦中人物、意向和象征可能非常丰富和多面。塔拉的乌鸦可能只是塔拉的乌鸦。你的乌鸦可能是不同的乌鸦，带着不同的信息，请求不同的回应，我的可能又不一样。基于这个原因，我们应该避免对梦中的乌鸦做任何泛化的陈述。当然，当你辨认出一个熟悉的主题时，你可能会怀疑自己正处理一个熟悉的问题，那没问题。确实，在没有任何怀疑的情况下，很难进行有效的解梦。但记住，别把梦中乌鸦锁在单一含义的笼子里，让它成为任何可能成为的东西吧。

第

8

章

梦是欲望的满足

你有没有做过被猫或狗咬伤的梦？如果有，你是否认为梦中的动物可能想从你这得到什么？事实证明，被动物咬伤的梦惊人地普遍。我感到惊讶的是它们发生的频率以及它们遵循这种模式的频率：动物与梦自我以一种集中且强烈的方式胶着。做梦人通常不会害怕，但会担心与之相遇可能变得更危险；做梦人想停止相遇但动物坚持；做梦人试着不表露恐惧；动物几乎总是咬或者威胁要咬做梦人（最常见于手或手臂）；相遇的紧迫性不断上升，往往会导致做梦人在恐慌中惊醒。这种梦试图表达什么呢？它想从做梦人这里得到什么？

这是保罗最近告诉我的一个例子。保罗，32 岁，男性，两个孩子的父亲，他正努力拼搏事业。总之，他非常忙，生活的很多方面都处于高压状态。保罗的梦名叫“大灰狗”，是这系列梦中的第二个。在几个月以前，他曾做过另一个咬人的狗的梦。

我在某个空间里，和一个女人，她有一只大狗。那只狗很高，有着浅灰色的长毛。它想和我互动，一起玩：它张着嘴巴，想玩咬人的游戏，但不是真咬，就是当我试图把手和手臂拿开的时候，凑过来咬的样子。我感觉如果我不配合游戏，和它一起玩，它的动作就会越来越快，然后真的可能咬我。我觉得它正在强迫我做我不愿意做的事情，也感觉它正以某种方式测试我。但是，我不想玩这个游戏，我只是想脱身。有一种冒险的感觉，就好像很快就要失控了一样。然后，我就醒了。

当我们在讨论这个梦的时候，我怀疑这只狗正试图告诉保罗什么，或者更确切地是尝试让他去做什么。当做梦人就快要和梦中的人/事物感同身受，但还不太可以这么做的时候，我通常会让他去“成为那个角色”。于是，我让保罗想象自己就是那只狗。“好的……我就是那只狗。”他说。“你希望保罗做什么？”我问。下面就是梦中的狗所说的话：

我希望保罗可以证明给我看，他在不受到恐吓的情况下就可以操控我。我不想让他害怕或受到恐吓。我想测试他，迫使他找到一种在不恐慌的情况下就可以牢牢将我控制的方式。他需要在困难和紧张的局势中保持冷静，并证明他可以处理好这种情况。

在这一点上，保罗开始感觉到梦信息和他的生活之间的共鸣联系。这只狗传递的信息似乎与他的经济和职业状况相吻合：他当前的经济和工作都处于困难和紧张中。在某种意义上，他知道了他需要更坚定、更自信。然而，他发现这很困难，因为他不是“那种人”。

既然梦已经进行了很好的连接，那么就可以转到回应阶段。我们从第一层面的回应开始——想象层面。我让保罗试着站在狗的上方（在他的视觉想象中），并给它一个坚定的指令，令其坐下。保罗有些抗拒这么做。他说：“我既不想接收也不希望发出命令。”这是另一个非常共鸣的时刻，就好像我们正与保罗本性中的一些东西面对面接触，他性格中的这部分并不相信什么要坚定和有威严。我强烈感觉到，这就是为什么狗需要走向他——来帮助他找到和开发他本性中发号施令的部分，而这部分是他希望与自己没有任何联系的部分。

我坚持这么做，再一次让保罗站起来并发出“坐下”指令。第一次听起来没有说服力，第二次好一点，第三次的时候，就有了一种在童话故事和古老的传说中发生了神奇变化的感觉。画风完全变了。那只狗正乖乖地坐着，专注地望向他。保罗对狗的感觉也发生了转变——他不再想停止相遇并逃脱。相反，他希望狗能和他在一起。

现在，如果我们从这个场景中退一步，从心理动力学的角度出发，我们可以看到这里发生了一件奇妙的事情。一个动物盟友出现了，它希望保罗采取并发展一套新的行为。因为保罗自身对拥有这样的行为是抗拒的，所以一开始的相遇才紧张且具有威胁性。但是，如果允许会面继续发展，那么动物的说教可能会被接受并得到尝试，这样独特的正面转变就会发生。这种梦的类型属于更高一级的“影子梦”的范畴，在这种梦里，一直被置于一臂之遥的自己的一个真实部分出现了，并且请求被接受。

考虑梦需求的三个优点

解的梦越多，我越觉得，从考虑梦需求的角度出发总是会带来最动态和最有用的结果。当然，这并非看待梦的唯一方式，但无疑是个好方法。这个方法有三个重要优点：

首先，可以加快速度。它带来领悟的速度比思考梦的含义的方法要快得多。这就使其非常适合在有限的时间内解梦。

第二，它创造出一种从理解和领悟流动到行动和改变的自然梯度，它并不满足于仅仅停留在理解阶段。这种渐变设置了一种非常动态的积极的心理反馈节奏，而如果我们仅仅寻求对梦的理解的话，这种情况可能并不会发生。这就好像我们的潜意识在说：“我知道你接收到了我的信息，你也的确有所行动。我对此表示感激！然后，这是我的下一个信息……”这就非常适合对个人成长感兴趣的人士，因为可以训练他们聆听自己的内在指引，并对其建议做出回应的能力。

第三，这种方法将理解梦的负担留在了它本应留在的地方——和做梦人在一起。唯有做梦人能够肯定地知道梦正要求什么。我可以通过训练有素的猜测去猜想大灰狗想从保罗这得到什么，但只有保罗自己才能真正知晓，那种知道是发生在情感身体以及智力中的知道。任何一个承担起解梦工作的人都将自己放在了解释员/分析师的位置，而要把守好这一阵地并非易事。成为一名精良的解梦师需要老练的心智以及常年的训练和经验。而抓住这一问题要简单得多：这个梦想要什么？它可以帮我们迅速而可靠地实现目标。

如果不清楚梦正请求什么，怎么办

在许多情况下，就算感觉已经进行了很好的定位，梦希望发生的事情仍不明显。在这种情形下，最好的办法就是重回梦境，进行一些想象工作，旨在弄清楚梦正请求什么。这里有一个例子：罗莎莉最近刚搬到了另一个地方，并且正在努力在这个新地方开始自己的医疗保健工作，这里的规定和客户期望都不一样。她做了一个梦，把这个梦称作“戈登拉姆齐和巨型寿司卷”：

我正在参加《厨艺大师》（一个烹饪比赛节目，主演人是著名厨师兼电视人戈登拉姆齐；我在非睡眠状态中确实会收看这个节目）比赛。我走进了一间厨房。在我面前有三个巨型寿司卷，足有圆木那么大。它们并不是用米饭和鱼做的，而是用三明治的材料。选手们需要用这些巨型寿司卷作为灵感，来制作自己的寿司卷。计时开始了。我们尽可能快地开始做。我把第一个卷卷好，里面放的是鸭肉。我卷的方法全是错的，所以在切卷的时候全都散开了。不好了！没有时间补救了。

我必须继续做下两个卷，要在比赛时间到之前把它们做好。

这时，戈登拉姆齐来了。他看了看鸭肉卷，说道："这里发生了什么？怎么一团糟！"我说："别看那个卷了，我都不打算把它装盘，我正做接下来两个卷呢。"他说："好的，跟我说说你的下两个卷。"我回答说我的第二个卷会是"喜肉人士的最爱"。他看起来觉得这个点子行得通，然后问我第三个卷。我回答说第三个是素食。他皱了皱眉；他并不满意这个想法。他说："你应该微笑……因为你的比赛到此结束了！"他走开了。我抓狂了。我又一次开始思考我的第三个卷。可能我应该忘记那个素食点子，用些鱼；或许我可以做一个奶油芝士鱼卷。时间就快用完了！我要做快一点！

罗莎莉和我一起解这个梦，我们通过使用感情基调设置，迅速地就将梦和她的生活连接起来了："在梦中，你感觉你正在竞争，你被评判，有压力，抓狂，处于时间压力之下，并再度猜疑自己；在生活的哪个方面你会有这些感觉？"她将其与自己作为医疗保健从业者的事业联系起来。她最近搬到了这个国家的另一个地方，止在努力应对在这个新环境中立稳脚跟要面对的压力和需求。这种被评判，处于时间压力和二度猜疑自己的感觉全都与她生活的这部分吻合。

我让她形容自己对巨型寿司卷的感觉。"我不喜欢，"她回答道，"制作巨型寿司卷的想法真疯狂。我完全理解不了。对这样的事情我没有激情可言。这不是我想要做寿司的方式。我更想做那种更小的传统的寿司卷。"这也和罗莎莉新的医疗保健工作有关联；有很多方面感觉不自然，不合适。她对工作中的这些元素并无激情，但是她觉得自己不得不继续这么做，因为这样做会给她带来生意。

现在，梦已经和罗莎莉的生活取得了令人满意的关联，但我们仍然不知道梦想要她做什么。是希望她继续在这种高压环境下不断努力，让她感觉好像置身比赛中，总是被评判，倒计时，二度猜疑自己？还是希望她从整件事情中抽离，离开这幅场景，找到一个地方，让她觉得她可以做她认为对的事情，比如说做尺寸较为适中的传统寿司卷？唯有做梦人自己能够知道答案，而罗莎莉仍不清楚答案是什么。我将两种选择摆在她面前，这两种可能性看似各有利弊。我们如何能够把这一情况向前推进让做梦人明晰，在设计对梦的回应中，她的目标是什么？

重入和探索

在这种情况下我会做的事情是被我称为“重入和探索”的技巧。帮助做梦人（或你自己）重入梦境并探索不同的可能行为场景，这些场景可以推进事态往好的新的方向发展。我让罗莎莉重新回到梦中快要接近结束那个点，也就是比赛压力和时间压力到达峰值的时候。当她重回《厨艺大师》的比赛场景中时，我就在一旁等待。

这种技巧要起作用，她必须重新体验梦中的情感，而并非只是记住故事情节和图像画面。然后我告诉她，她可以定位住自己，并让自己知道她现在可以改变情况了。她喜欢怎么去改变它呢？我重申了梦似乎正强调的关键选择点：她是应该继续坚持下去，尽力去做呢？还是从整个抓狂的场景从抽离？“两种我们都来试试。”我说（这很重要，因为这告诉她她可以在不做出任何承诺，以及被锁入错误选择的情况下，充分探索两条路径）。我问罗莎莉她想先尝试哪种情况；她选择了从离开的选项开始。

解梦师在这儿的工作就是帮助做梦人，允许新的想象经历发生，并设定发展步伐，这和在想象引导练习中所做的工作非常类似，但这种练习总是以梦中给出的情况和情感开始的：

好的……你就在那儿……你的时间快用完了……还有两个寿司卷

要做……现在你知道自己在哪……你知道你现在可以改变情况……你决定离开比赛，离开这里……你找到了门……打开它，走了出去，把门关上……离开了大楼……你正将《厨艺大师》抛诸脑后，并开始做其他事情……现在感觉怎么样？

罗莎莉让自己感受了一会儿这种新感觉。“感觉不对，”她说，“我觉得从压力中释放了出来，但也有一种空虚的感觉。还觉得自己放弃得太快了。我想向自己证明我可以做好接下来的这两个卷！”好的，让我们来试试另一种选择。于是我们重回《厨艺大师》的场景，只不过这一次当她找到自己，给自己空间沉浸在新的一些东西之中时，一种非常不同的创造性的可能出现了：“首先，我想给自己更多时间。我打算让所有事情慢下来，这样我就有一整个小时的时间。然后，我不必尽力模仿这些超大寿司卷。我要做一个更小的传统卷，以我知道的方式。”

我让罗莎莉在她的想象中充分展开这一画面，以戈登拉姆齐走过来评判她新做的卷为高潮。这种情况感觉怎么样？“感觉很好，”她说，“戈登拉姆齐和其他评委印象都很深刻。我觉得我做了一些忠于自己的事情。”

在梦境中找到好的回应，然后转化到非睡眠状态中

既然我们在梦境中已经找到并发展出了一个令人满意的回应，那么我们可以想象一下在罗莎莉的非睡眠状态中，这会是怎样的场景。“这对你实际生活中的工作意味着什么呢？”我问她。她回答道：“这意味着在我的诊疗实践中带入更多我认为对的元素，重回基本的传统的疗愈观念。我采用了太多符合这里的新趋势的元素，只是为了保持竞争力和不被排挤。我承担的角色太大了[这里做梦人注意到‘角色/卷’

（在英文中，角色 role 和卷 roll 同音）字的双关，然后笑了]。这是收入来源，但并不是我真正想要做的事情。”此处我们取得了梦正请求她在生活中做什么的共鸣感，而使这成为可能的，正是想象性重入以及在梦内部对可能性进行的探索。

总结

当我们从梦需求的有利位置出发解决问题的时候，我们就将自己摆在了创造改变的尖端方位。通常当我们仍在梦境中作业的时候，就会开始显现这种变化。我被问了好多次这个问题——像这样去改变一个梦行得通吗？我的回答是，可以！很多像这个梦一样的梦最终陷入了可怕的死胡同，这些梦指出了想象力的一个关键性不足。做梦人的想象力根本不能产出一个创造性的解决方案（不管是在梦中还是梦醒后），来解决一个重要的生活问题。这个梦为我们提供了对这一问题的典型描述，以此给了我们最佳的寻找好的解决方案的处所。这就是解梦之药。

第二部分

解梦的5个步骤

第 9 章

梦的解析方法

解梦有很多方法，当前正在使用的方法中也不乏非常好的。那是什么将我所使用的方法和其他解梦方法区别开来呢？我的答案是：这种方法有促使个人改变和成长的强大导向性。

整个方法都围绕“梦正请求什么”这个中心问题展开。做梦人自然就被引往改变的道路。这个方法包含五个步骤，步骤间往往会重叠和相互渗透，试着在脑海中把它们描绘出来会对你有所帮助。

1. 捕梦
2. 澄清梦的基本信息
3. 在梦中定位自己
4. 将梦与生活连接
5. 对梦做出回应

我们可以将整个方法简化成流程图（请参看下页）

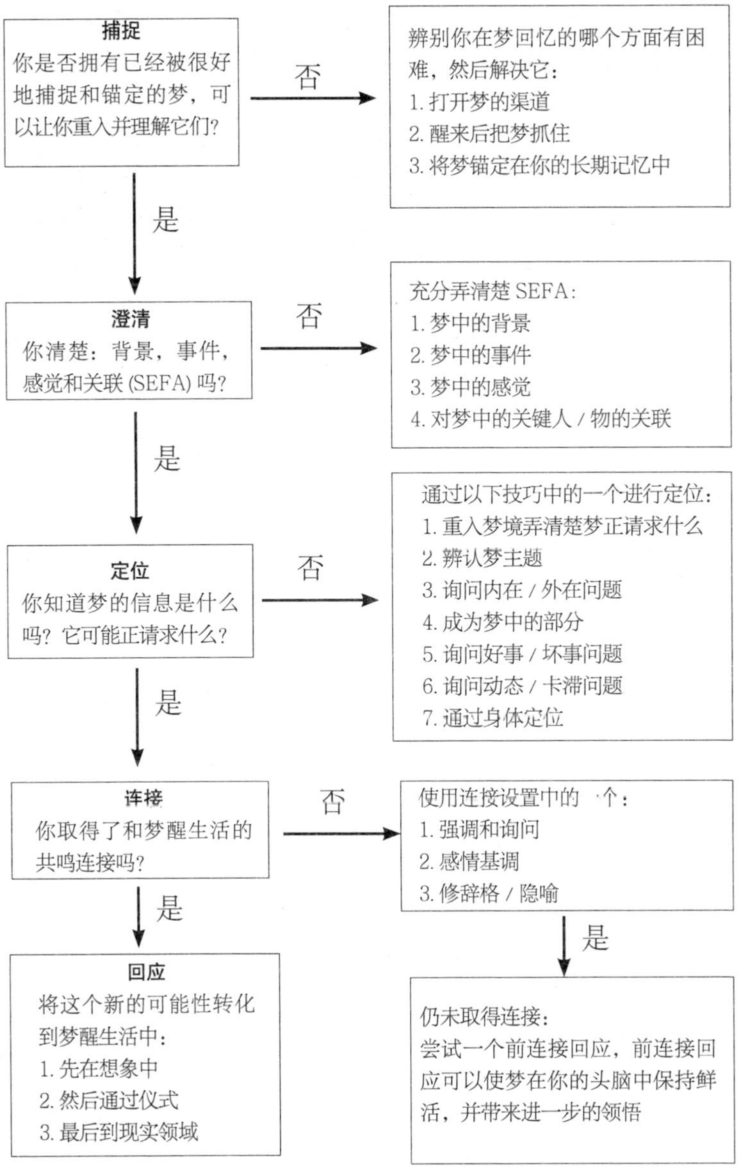
捕捉
你是否拥有已经被很好地捕捉和锚定的梦，可以让你重入并理解它们？
否
辨别你在梦回忆的哪个方面有困难，然后解决它：
1. 打开梦的渠道
2. 醒来后把梦抓住
3. 将梦锚定在你的长期记忆中
是
澄清
你清楚：背景，事件，感觉和关联（SEFA）吗？
否
充分弄清楚 SEFA：
1. 梦中的背景
2. 梦中的事件
3. 梦中的感觉
4. 对梦中的关键人 / 物的关联
是
定位
你知道梦的信息是什么吗？它可能正请求什么？
否
通过以下技巧中的一个进行定位：
1. 重入梦境弄清楚梦正请求什么
2. 辨认梦主题
3. 询问内在 / 外在问题
4. 成为梦中的部分
5. 询问好事 / 坏事问题
6. 询问动态 / 卡滞问题
7. 通过身体定位
是
连接
你取得了和梦醒生活的共鸣连接吗？
否
使用连接设置中的一个：
1. 强调和询问
2. 感情基调
3. 修辞格 / 隐喻
是
是
回应
将这个新的可能性转化到梦醒生活中：
1. 先在想象中
2. 然后通过仪式
3. 最后到现实领域
仍未取得连接：
尝试一个前连接回应，前连接回应可以使梦在你的头脑中保持鲜活，并带来进一步的领悟

解梦方法运行流程图

贴士：解梦时，你的问题应清晰、简练

在解梦过程中，选择适当的词非常重要。最有效的短语或问题都是那些清晰、简练的。不管解梦的对象是你自己还是别人，这一点都适用。我经常看到很多解梦新手倾向于问冗长的问题，这样的问题让做梦人觉得困惑，不知道该对问题的哪个部分做出回应。最好的规则是，问一个简短的问题，然后等待做梦人的回应。不要问有很多分句的长问题；如果你想知道两个问题的答案，那么就一次问一个。

问的问题应与你正使用的步骤相适应

记住，设计问题的时候，阶段分期非常重要。如果你仍没有感觉到梦正表达的东西，你应该问开放性和中立的问题，这些问题会帮你收集更多信息。一旦你觉得你已经收集了大部分信息，那么你应该转向定向问题，即那些旨在帮助你感知客户的造梦器试图表达的东西的问题。

一旦你在梦中找准了定位，你就应该转向连接问题，那种有助于引发做梦人体验“梦是如何与他的生活连接”的问题。一旦你们都理解了这种连接，就应该在这种领悟的基础上，找出一个回应问题，发起一些真正的改变。

促进解梦的一些问题和短语

以下是我根据经验，整理的一些经典问题和短语。我实践过数百次，事实证明，它们非常有价值。我建议，刚开始解梦的时候，你可以使用类似如下的短语和问题，甚至可以一字不差地照搬。等你有了更多的经验，想要发展你自己独特的解梦风格时，就可以越来越相信自己的直觉，选择适切的词语。

我将问题分成了四大类：澄清性问题、定位性问题、连接性问题和回应性问题。每一类问题的使用应该符合你解梦的某一阶段。为了使这些问题与真实的解梦经历相结合，让我们来看看下面这个短暂的梦。

温迪，27岁，女性，在第一次咨询的时候，向我讲述了这个名为“虫虫鸟”的梦：

我正在某个地方走着。有一只嗡嗡叫的虫子一直烦我，在我耳边叫个不停。最后，我受不了了，走过去拍打它，把它拍个稀巴烂。但是，它竟然变成了一只鸟，灰黑色的，中等大小。它毫无防备，我又向它拍去。我担心它死了，觉得很内疚、不安。当我猛击它的时候，有一种灵魂出窍般的感觉……

澄清性问题

澄清性问题一般用于解梦工作的早期，因为此时你对梦的内容还不是很清楚。这种问题仅仅是为了帮助获取更多的信息：弄清楚梦发生的背景，梦中的事件，在梦中的每个部分充斥的感情基调，并带出做梦人对梦中关键部分的联想。这些问题应该是完全开放式的、中立的，不具引导性和无诠释性的。

◎ “你说开始的时候，你‘正走在某处’，有感觉到是哪里吗？”在梦中，背景通常很重要，但往往会被讲述者无意间带过。这个问题给了做梦人机会去思考开头的场景。如果温迪想不起是什么明确的东西，那么可能这一点和梦提供的信息并不相关，那么就不管它了，继续下一步。

◎ “虫子在你耳边嗡嗡叫是什么感觉？”这个问题会给温迪机会重访并弄清楚梦的这一部分的感情基调是什么。

◎ “虫子是什么时候变成鸟的？”这仅仅是对事件顺序问题的澄清。

◎ “当你意识到可能杀死了那只鸟时，是什么感觉？”这可以让温迪充分重新体验这一关键时刻的感情基调，尽管她已经描述过了出现的一些感觉。

◎ “你会将那种鸟和什么联系起来？”通常做梦人对梦中关键物的联想会与你的联想非常不同，所以，这个问题，你一定要问。

◎ “你说‘有种灵魂出窍的感觉’是什么意思？”这一问题是对这一陈述的进一步阐述和探索，因为这一点有种神秘和非常重要的感觉。

贴士：牢记背景—事件—感受—关联（SEFA）

处于澄清阶段时，你需要背景、事件、感受、关联这四个要素才能清楚了解梦的基本信息。很多人天生善于记住和讲述梦中发生的事情，但他们往往会忘了背景和感情基调。做梦人常常也不会自发给出梦中事物的关联，如果这样的话，你需要主动询问。要是你正解着自己的梦，你可能需要停下来想一想——如果你的朋友戴夫在梦中出现了，问问你自己：我会将戴夫与什么联系起来？一个又好又快的诀窍是，记下当你想起戴夫时脑海里最先出现的三个词。一旦你对四个要素都有了清晰的概念之后，就做好了进入下一步的准备。

定位性问题

一旦你听完了梦中的整个故事、感受和关联，你就可以转入另一种问题了。定位性问题有一个特定的目的——它们并非仅仅用于信息收集，还有助于识别梦的本质。这是什么类型的梦？它想要表达什么？它正请求什么？温迪对这个梦可能已经有了一些感想和见解，因此你的第一个定位问题往往应该属于此类：

◎“到目前为止，你怎么理解这个梦？”或者“这个梦对你来说意味着什么？”这类问题有时会打开进入梦的康庄大道，甚至可能直接通往共鸣连接。在这种情况下，解梦师在寻找定位方面并不需要过多努力，因为做梦人自己会提供相关信息。但是，在大多数情况下，做梦人会回应说“我不知道”或者做出的关联和联系既不完整也不具共鸣性。温迪的“虫虫鸟”梦就是这种情况。她知道这个梦感觉很重要，但是她就是不知道梦要传递什么信息。所以，现在你就可以提出那种帮助双方定位的问题了。

◎“你认为梦正请求什么？”这个问题往往导致直接的定位和关联的双重感觉。比如，如果温迪回答：“我认为这个梦正要求我停止摆脱虫子的行为，而是去倾听它”，那么我们不仅定位成功，而且也将梦与温迪的生活进行了共鸣连接。这并不总是奏效，但如果成功的话，就是通往有效领悟的最快路径。如果做梦人的回答是“我不确定”，那就试试列表中的下一个问题，尝试另一个定位策略。

◎“你是否会直觉地认为虫虫鸟是你的一部分呢？”或者“它是否代表你生活中正影响你的东西？”这个问题是“内在 / 外在”问题，是很多时候你需要问的第一个定位问题。你可能经常有这种感觉：如果不知道这个问题的答案，你就没法有效地继续。因为不同的答案会导向两个完全不同的方向。温迪的回答是，她觉得虫虫鸟是她的一部分。

◎“你觉得抓住虫子并把它拍死，是好事还是坏事？”这个看似简单实则带有迷惑性的问题，常常将焦点聚集在“做梦人正试图传递何种类型的信息”这一问题上。在温迪的案例中，这个问题帮助她认识到虫虫鸟被粉碎并“不是”件好事，尽管乍一看某人摆脱了一只喋喋不休嗡嗡叫的虫子可能是件好事。

◎“你可能会是那只在温迪的耳边嗡嗡叫的虫子吗？你想对它说什么？”这个“成为一部分”的技巧将帮助我们探索这种可能性：对于虫子在她耳边鸣叫，或许存在某个积极的方面。它是否正试图告诉她一些重要的信息呢？

◎“你可能会是那只被自己拍死的鸟吗？”这将帮助温迪充分体验梦的影响。

◎“在这个梦中，什么正试图发生？”这最后一组问题帮助你通过思考动态VS停滞来进行定位——正试图发生什么？为什么没能发生？很明显，在这个梦里，虫子正试图告诉温迪什么，但是却无法实现，因为她根本不想听。

连接性问题

请牢记，我们的目的是帮助温迪理解梦是如何与她的生活连接的。作为一个解梦师，你的主要作用并不是告诉温迪你的想法或解释，相反，你应努力帮她得出自己的见解，创造连接的条件，而保留你的见解和连接。因此，最好的问题是那些可以激发做梦人独立做出连接的问题。在“虫虫鸟”的例子中，我对梦正尝试表达的东西有很好的想法，因为这对我而言是个熟悉的主题，类似的主题我已经遇到过很多次了——杀死（或差点杀死）这只鸟表明她对自己的一部分强烈的不宽容和抑制，无休止的嗡叫和折磨表明她的这部分是她良知或内心声音的一方面，正令她为一些她不愿意承认的讨厌事实烦恼。因此，我会将其主要视为“自我检查”主题。温迪的梦正向她指出，她正在做一些有问题的事情。

但这些是我的联想，而不是她的。就算给出的看法准确有益，让做梦人自己到达他们的领悟比由外界告诉他们这些见解要有效得多。因此，我们需要的是有助于启发温迪做出她自己连接的问题。好的连接问题通常遵循强调和询问格式——你重申在梦中描绘的情况或感觉，然后询问温迪这种情况或感觉存在于她生活中的何处：

◎“在梦中，有东西无休止地烦你。最近有什么问题使你心烦呢？”你常常可以通过寻找隐喻来建立非常直接的连接。在这个案例中，某事可能正使温迪“虫烦”[①]。

◎“在你拍死鸟之后，你觉得非常内疚和不安。你对什么感到内疚和不安呢？”对很多做梦人而言，通过感觉基调连接是最简单最直接的方式。

◎“虫子总是在你耳边嗡嗡叫。这表明有个声音正不停地想要告诉你什么。你的直觉这是内在声音还是外在声音？”这是另一种问“内在 / 外在”问题的方法。

◎“你会因为有个内在声音总是想要告诉你什么而感到烦恼吗？”这个问题更具导向性，因此，在温迪回答更开放性的问题有困难时，你就只能用像这个问题一样的问题了。

◎“在梦中，你长时间忍受了虫鸣，然而‘最终’你忍无可忍，就把它拍死了。这表明你可以忍受这个声音一段时间，但后来你失去了耐心，所以做了一些事情来让这个声音消失。你可以将这和你的生活连接起来吗？”这个问题试图通过指出梦中的模式，及询问温迪在清醒生活中是否知道这种模式来建立连接。

---

① 在英语里，bug 一词有多种意思，名词指虫子，动词意思是烦扰，此处为双关。

回应性问题

一旦建立了共鸣连接，温迪对梦的信息是什么有了强烈的感觉，那就可以考虑进行回应了。如果温迪可以自己想出回应是最理想的情况，但有些做梦人会需要建议，那就可以从完全开放的问题开始，为任何的可能性敞开大门：

“让我们试着想出某种回应。对此你可以做些什么？”

“你可以做什么来帮助改变这种不聆听内心声音的模式？”

请记住，回应步骤的目的是帮助温迪基于梦中取得的领悟，发起持续的改变。这个改变应该来源于她自己的创造性思维，并且对她而言具有现实可能性。你可能希望以真实的梦背景为出发点，因为这是做梦人所处的位置。尝试设计一些向所期望的改变适度进发的问题。

在温迪的案例中，我们一起做出的回应涉及她意识和良知中的改变，这是她的实得信息：“当我意识到我的内心良知正使我烦扰之时，我需要停一会儿，并试着倾听。”但是，一个回应实际上可能是任何东西，只要它构成了基于梦领悟的改变，就没有问题。有很多方法对梦进行回应，不同的梦主题要求的回应也不一样。这一点会在第14章中进行更全面的探讨。

贴士：准备一些好问题

练习使用上述类型的问题，一开始可以遵照以上模板。如果你正解自己的梦，使用相同的问题也不错，你自己问自己就可以了。更好的问题才会有更好的答案。在问一个问题的时候，你最好要十分清楚这个问题将把带你到哪里。你的问题应该有具体的格式和目的，特别是连接和定位问题。在附录1中，你可以找到解梦过程中可供各阶段使用的问题类型的快速清单。

如果解梦师看到了连接，但是做梦人看不见怎么办

在解梦过程中，经常会出现这样的情况，解梦师感觉到了一个重要连接，并尝试让做梦人感应它，但是没有效果。有很多原因使做梦人错过一个看起来非常明显的连接点——她可能偏向于她自己已经做出的理解；她或许正积极抵制一个讨厌的真相（特别是在自我检查主题中）；又或者，就像温迪的梦一样，她仅仅是因为在没有外力帮助的情况下没法取得连接。在这种情况下，你当然应该暗示，但这么做的前提是你已经帮助做梦人自己去发觉它却没有成功。一般来说，首先尝试在没有任何引导或暗示的情况下发起连接感应；如果不行，再用更具暗示性和指导性的措辞试一次；最后，实在没有其他办法了，你可能需要直接读出来：

◎“我怀疑那只嗡嗡叫的虫子可能是你的一个方面，一个正试图告诉你某事的声音，可能是一些你不想听到的事情。你觉得讲得通吗？”

当做梦人提出了有关连接点的建议，并试着感应之后，他就通过了双共振测试——做梦人和解梦师都感受到了共鸣的真实感。如果做梦人没有产生任何共鸣（强烈的抵抗也是一种共鸣），那么，你就可以回到第一步，重新开始。

贴士：解梦中迷失了，怎么办

当你感觉在梦境中迷失了，回到澄清阶段直到你取得某种定位，这是解决问题的金科玉律。如果在几分钟的澄清之后，仍觉得迷失，那就跳过这一步，尝试使用连接技巧中的其中一个取得连接。如果第一个技巧行不通，那就试另一个。如

果你用完了所有可能的连接技巧，但仍然无法做出共鸣连接，并且还是感到迷失的话，你可能需要放弃这个梦（至少现在先放一放）。

总结

如果你想提高解梦的能力，我强烈建议选择一种方法并坚持练习。现在有很多很好的解梦方法。本书介绍的方法包含很多你可能知道的元素，这些元素都是从其他方法中取得灵感并加以改编得来的。本书介绍的方法，其重点是将梦与你的生活连接，考虑梦正发起的请求，做出相应的回应，最终引起个人的变化和成长。

第10章 醒来后把梦捉住

记不住梦，就没有梦可解。换句话说，记梦是解梦的前提条件。幸运的是，回忆梦是可以习得的技能。

如果一个人说："记住梦，对我来说有困难。"他可能真的在回忆梦的三个方面有麻烦：

◎ 打开和刺激梦的渠道。
◎ 醒来后回忆梦。
◎ 对梦进行初步回忆后锚定。

要成为优秀的解梦师，所有这三个方面都需要运行良好。如果你目前在梦回忆方面有困难，花一点时间想一想是这三方面中的哪一面出了问题。有些技巧可以用于提升这些方面的能力。

打开和刺激梦渠道的技巧

你有没有遇到过这样的人，声称自己从来记不住任何梦？我经常听到这样的说法。你现在也有回忆梦的困难吗？人们可能会经历“梦便秘”时期——这些人正常情况下可以对梦进行很好的回忆，但是由于某种原因会出现阶段性的“拉不出来”的状态，并希望让回忆梦再一次顺利进行。在这种情况下，可以做些什么呢？

有这样一条普遍规律：我们把注意力集中在什么地方，就会在什么方面得到越多，包括回忆梦。据此，最简单回忆梦技巧就是在睡前集中意识力，告诉我们自己我们希望能在早晨醒来的时候仍然记得我们做过的梦。手边随时放着你的梦日志和用于记录的铅笔。如果这些步骤行不通，那就考虑以下技巧，它们都很有帮助：

◎ 通读一些以前的梦。通读你的梦日志（如果你在生活中的任何一个阶段有保持记录梦的习惯的话），这是很好的做法，原因有几个：首先，它会提醒你和你的无意识，自我正处于一段不断发展的关系中，也会让你了解这段关系的历史和进展；其次，它会促使你的造梦器通知你，你已经为这个故事中的下一章做好了准备，以此加速对话的发展。

◎ 重温一个具体的梦。如果一个旧梦总是与你相伴，那就意味着，这个梦的完整信息可能尚未被完全理解或接收。你能追溯到多久以前？尽可能地往回追溯，甚至回到童年时期（通常这些重要的早期做的梦仍然具有很强的相关性）。在醒着的时候，利用你的视觉想象重入所记得的梦境，在脑海里把整个梦过一遍。这对于大脑是个强大的刺激，可以使整个系统重新开始工作。

◎ 睡前阅读一本有关梦的好书。这将会唤醒梦的想象力，让你经常做梦。

◎ 孵梦。孵梦是一种特别的技巧，它涉及索取将会对特别关注的事或问题提供线索的梦。这一技巧本质上是指睡前在脑海里形成一个问题，然后再细想和那一问题相关的第二天早上做过的梦。有时候，结果似乎与问题非常同步，其他时候则不然。

这里有一个梦的例子，它的目的就是为了回应孵化问题。默娜是一名35岁的女性，也是一名乳腺癌幸存者，她正努力控制病情的发展。她继续使用各种各样的正统和替代治疗来缓解病情，并且非常成功，比她原先预计的时间多活了几年。她的孵化问题是："我能做什么来支持我正在进行的治疗？"那天晚上，默娜做了下面这个梦，她将其称为"乘坐大主教的车"：

我和另一个女人，还有司机，一起上了大主教的车。我坐在乘客座，那个女的坐在我后面。我试着调整座椅，确保坐在后面的女的有足够的空间。我正这么做的时候，不知何故，座椅的后背松了，我害怕椅背会翻倒。司机告诉我怎么处理，然后我修好了。后面的女人让我不要担心，她有足够的空间。我们正赶往另一个镇的教会去赴宴，也算一种朝圣吧。（梦结束了）

我问默娜她对这个大主教的关联是什么。

我从小就认识他。他对我来说几乎是个神奇的人物。过去，我们和一个小型的儿童合唱团常常去他的教区唱颂歌。对我来说，他就像个圣诞老人。他是个让人看见就会变得平和的人。很老了，有85岁，也病了很久。两个月以前，我最后一次回家的时候去看望他，和他的司机聊了起来，他的司机告诉我说医生都不知道还能为他做什么，是上帝还让他活着。我认为，他象征着有严重疾病但能存活很长时间的人。

然后，我问她和大主教一起在车里是什么感觉。她回答道："很治愈，很平静。”在讨论这个梦的时候，我们都认为默娜的造梦器通过两个具体的建议对孵化问题做出了回应。第一，与你的精神中心和能够从精神上激励你的人和地点保持密切联系，因为这比医生更能延长你的寿命。第二，要注意你过度容纳他人的倾向，因为这样做会使你抓狂，并容易让自己倾倒。

◎ 获得旧梦的后续发展。你有没有几个月或几年以前做过的梦，现在看起来仍然神秘或者不完整？有一种有用的孵梦的变体，可以用来获得故事的“后续部分”。在睡觉以前，通过在想象中重温旧梦，请你的造梦器发送另一个梦，告诉你同一个话题的更多信息。

醒来的时候，记住做过的梦

当我们醒来的时候，那些屈指可数的重要时刻发生了什么？在这段时期，可以做什么来支持我们的梦回忆？什么心理练习最适合抓住梦？在我的经验中，这是因人而异的事情，适用于这个人的可能对另一个人并不奏效。以下是对我来说适用的练习：

◎ 一旦知道自己做了一个梦，我就会告诉自己：“哦，我刚才做了一个梦！”

◎ 而后，我会重回梦境，在脑海里再过一遍这个梦。

◎ 之后，我会再一次重温。在做第二遍回顾的时候，我会在梦境中环顾四周，寻找第一次可能错过的事件和细节。这一次，我都了解了。

◎ 如果我觉得这真是一个很大的梦，我想确保对其有很好的控制，我会进行第三次回顾。

◎ 现在，我让自己思考，梦可能正请求什么。在我仍睡意蒙眬的早期阶段，我从梦中获取领悟的能力非常弱，往往并不知道梦可能正试图告诉我什么。

◎ 接下来，如果可能，我会把梦告诉我的伴侣。在这个分享阶段，梦的可能含义开始变得清晰，要么是因为她可能提供的某种领悟，或者仅仅是因为叙述行为本身，因为叙述似乎能把梦从海岸线状态完全拉出来，使其进入充分意识的清晰阶段。

贴士：半梦半醒之时，不要评判你的梦

半睡半醒之时，我们常常会对刚刚做的梦的可能意义做出糟糕的判断。出现这种情况有两个原因：第一，缺少完全清醒的意识；第二，纯粹因为睡意和惰性。

往往要等到完全梦醒后，我们才会觉得梦的那些令人觉得奇怪和异常的部分。在我们仍处于梦中之时，大部分的梦中内容看起来并不奇怪。只有从清醒的状态的角度去考虑时，它的怪异性才会让人震惊。就算在半睡半醒状态，我们也不会被梦的非凡特性触动。在早上完全清醒之后，我曾多次对自己说："哇！真不敢相信，我差点就把那个梦放走了！"所以，在你没有完全清醒时，尽量不要评判和遣散一个梦。

通俗来说，想要继续睡实属人之常情。我们可以告诉自己：那个梦不过是一派胡言，不值得我们牺牲睡眠。以此，继续心安理得地睡去。但是，如果那个梦并非废话呢？如果不做出努力，我们将不得而知。

贴士：给自己一些半梦半醒的时间

用于回顾梦的理想条件可以被比喻为在沙滩上涉水准备回岸——你仍然站在梦中的水里，但已经足够靠近陆地，感受到自己的脚踩在梦醒的土地上。尽量给自己可能多的海岸

线时间。正是半梦半醒间那段不被打扰的时间，创造了大部分人回忆梦的最佳条件。如果在大多数早晨你必须使用闹钟，那就让那些不用闹钟的早晨成为你的做梦时间。在这些特别的早上，训练自己重回梦中检索进一步的内容的能力。这么做并不是你在偷懒，而是在解梦！请记住，回顾梦和其他任何人类特有的能力一样，是可以通过练习得到开发和提高的。这项注意力的投资迟早会有回报，就算对我们这些天生就不擅长回忆梦的人也一样。

注意发生在水中的梦

如果你的梦发生在一片很大的水域上，这个梦很可能正传达一些你和自己的无意识之间的关系的东西。如果梦的背景是沙滩或海岸线，或者任何明显的过渡区，它可能正表达的是一些你的无意识和意识两者过渡和沟通方式的东西。如果这些梦的感情基调是积极、冒险和好奇的，这就是好兆头，它表明你对无意识与自我之间的关系有积极的感觉。

记下或画出梦中的一样东西

如果你觉得重回梦境对你并不奏效，这里还有一个好办法。把一本笔记本和一支铅笔放在床头。现在，你可以起床关掉闹钟，或者开始你的一天，又或者翻个身继续美美地睡。你从梦中捕获的这个小小的线索可能足以帮助你在当天的晚些时候甚至第二天回忆起整个事件。

锚定梦

你有过这样的经历吗？你醒来的时候，还记得做了一个神奇的梦。这个梦在你的脑海里栩栩如生。你深信你会一直记得这个梦，所以你起来了并开始一天的工作。到早上 10 点，你对自己说："哦，我做的那个是什么梦来着？"你在脑海里回想，但什么都没有。这个梦完全消失了，且永未回头！

或者有过这样的经历呢？你醒来的时候，记得做了一个神奇的梦，然后你把它写了下来。"现在我肯定会记得"，你自己这么想着。几天后，当你读给自己听，这不过是胡乱写在纸上的几个词而已。有关梦的所有记忆都消失了。

你不是一个人。这两种情况都非常普遍。在醒来的时候记得梦是一回事，要将它固化在我们的长时记忆中又是另一回事。已经记下的梦并不一定就是被锚定的梦，它们仍可能像一艘解缆的小船一样漂走。如果从大脑功能的角度看，就是将这个梦固定成记忆的神经网络被"修剪"掉了，连同大量其他不想要的记忆。如果你不做什么来优先和加强专门针对你的梦记忆的神经网络，它就会消退，最终消失。

贴士：找出你锚定梦需要做的东西，并付诸行动

锚定梦是一件很个人的事情。有些人必须通过向另一个人诉说才能牢牢地锚定这个梦；有些人必须在特定的时间内把这个梦写下来；还有些人可能需要通过在脑海里重访梦境来使梦存活。但是，对大部分人来说，如果不主动做什么来保持梦的记忆，这些梦通常会在几天之内就消失。所以，找出对你奏效的方法，并开始把它培养成习惯吧。

好的梦锚定技巧对我们这些希望将解梦发展成持续业务

的人来说尤其重要。锚定会通过持续地记录梦中形成的个人历史和成长，给这个梦一个坚固的位置。做梦人能够在3年之后仍旧记得重要的梦吗？20年之后呢？可以，如果他们能恰当地锚定这些梦的话。

在做那个梦的早上，罗杰非常清楚地记得那个名为“金色斗篷”的梦，他甚至把它写了下来（根据我的要求）。但这个梦并未被锚定——几周后，当他来咨询的时候，只剩下写在纸上的词句，没有情绪、情感，也没有对梦的强烈视觉感。罗杰是这样描述他的梦的：

目前我并不记得做过这样的梦，但重读我给你写的邮件之后，就是那些根据你的建议在梦醒之后马上写的邮件……是的，我记起来了，是有这么一件金色斗篷，在四周有分割器。我是一个旁观者。突然，斗篷被切成了像派一样的部分。之后，我就醒了。我不知道那是什么意思。

罗杰的梦包含强大且迷人的意象，但不幸的是，他无法重回梦境，因为他没有对这个梦的鲜活记忆；在他的感觉里它已经不存在了。这个梦只是被简单地捕获但从未被牢固锚定。我试图放大梦中的一些元素，但这并没有揭露任何新的信息，因为罗杰不能重回梦中去重新体验这个梦。他仅仅能够重申他已经说过的东西，这些东西都是从对梦的书面记录中读出来的。现在，对罗杰的梦所能采取的任何做法都只能由解梦师来完成。毫无疑问，很多解梦师可以对“金色斗篷”做出有趣的解释，因为这个梦包含了一个如此强大的意象，但这仅仅是解释，并非重新体验或连接。这种情况在解梦师的生活中经常发生。当这种情况发生在我给客户解梦的过程中时，我有时觉得沮丧，但我尽量把自己置身于捕抓和释放的渔夫心态中，来纪念我们和这个梦的短暂相遇，然后将这个梦放回到深水中。

记录梦

理想情况下，需要解梦的客户应保持把梦记录在日记当中的习惯，写上梦的具体日期，以及每个梦的名字。在咨询之前，客户将挑选一或两个他们想解的梦，并通过电子邮件将副本发送给解梦师，在赴约的时候做好深入研究的准备。一个好的梦记录应包含以下信息：

◎ 背景。
◎ 发生的事件。
◎ 感情基调。

当你在记录梦的时候，试着养成将以上所有方面都包含在内的习惯。很多人能非常精确地记录梦的叙事细节，但都没有记下或者想不起来在梦中的感情基调是什么。提醒你自己："当……时，我的感觉是什么。"不久之后，你就会养成在叙述梦的时候使用具有感情基调的词语的习惯。如果你后来决定解梦的话，这个习惯将让你更容易地连接你的梦和生活。

给梦起名字

一个有助于锚定梦的好办法就是给这个梦起个名字。起名这个动作本身就赋予了梦一种价值和关系感——如果某事重要到值得拥有一个名字，那么它就不会被轻易搁置，也更不容易被忘记。当我们需要访问、回忆梦的时候，有名字的梦可以使这些操作变得更容易。对于做梦人而言，认真思考这个梦的最显著特征并起个相应的名字，不失为一项有益的实践。

我们来看看泰蕾莎的梦：这个梦描述了梦自我和四个其他人物，发生的背景是在公共厕所。给这个梦起个什么名字好呢？当你在思考梦的名字的时候，记住名字不应该太长也不要太麻烦；它应该朗朗上口，要不然对记住梦也没什么帮助。名字还应该和一些重要的东西挂钩，理想情况下，就是那些梦中看似最突出的方面，能够把梦直接调出来的东西。

我在一间公厕，里面很大，也很干净，有一个不锈钢坐便器。墙上有个边缘参差不齐的窟窿，我不知道门是不是好的。地上有一只鸟在拍打着翅膀，它看起来焦虑不安。一只小白狗走了进来，看见了小鸟。我担心小狗可能会攻击小鸟。那只狗似乎没有什么攻击性，它只是好奇地用鼻子到处嗅来嗅去。但如果它去追赶小鸟呢？小鸟会如何应对？它会展翅飞出那个边缘参差不齐的窟窿吗？接着，我看到了一双腿，躺在厕所隔间的地板上，蜡黄色的，毫无生机，就像人体模型的腿。腿是交叉着的，我看到一只蜘蛛在两腿之间。突然，腿好像意识到了蜘蛛的存在，然后开始晃动——颤动，抽动，上蹿下跳。随着双腿的移动，我开始意识到那是我的腿。之后我就醒了，我的腿还在抖动跳跃，还在害怕真的有蜘蛛爬到我身上来。感觉如此真实，我真的开始在床上找那只蜘蛛。

给这个梦起个什么名字，可能性何其多。如果我们妄想包含所有的事物，把这个梦命名为“公厕里的鸟、狗、人体模型的腿和蜘蛛”，这个名字未免太冗长。如果我们把名字限定在最重要的事物中呢？有可能是那只鸟吗？如果是的话，我们可以把这个梦叫作“慌乱的小鸟”或者“厕所里的小鸟”，又或者是“不会飞的小鸟”。这样的名字有助于将焦点放在明显有问题的事物上——一只鸟不应该出现在厕所的地板上，扑动翅膀慌乱蹿跳。因为泰蕾莎使用了“不安”这一词语来描述小鸟的行为和腿的动作，我们可以考虑把这个梦叫作“在厕所中焦躁不安”。这个名字把重点放在了梦的一个显著（且重复性）特征之上——动作的焦躁不安的特性。这也可能是帮助建立梦和泰蕾莎的生活之间联系的关键。最终，她决定这样命名：“拍打翅膀、咯吱吱乱蹿的小鸟和踢蜘蛛的腿”。

总结

培养这六个习惯，可以提高回忆梦的能力

1. 睡前明确你的意图。晚上睡觉的时候，告诉自己你想要在早上醒来的时候记住做过的梦。把你的梦日志和铅笔放在床边是个好主意。

2. 重温旧梦。如果你正处于文思枯竭期，就是想不起来做了什么梦，那么就可以重温一个旧梦，把梦在脑海里从头到尾过一遍，选一个仍然鲜活且神秘的梦。

3. 允许自己在早上慢慢醒来。如果可以的话，在早上，允许自己享受慢慢醒来的奢侈。在这种状态下，你可以练习“重回”梦中，检索更多的细节。

4. 捕捉提示。如果早上醒来的时候，你还记得做了什么梦，但是又必须马上起床，或者你还想继续睡会，那就可以赶紧写下梦中的一件小事。这可以帮助你在当天晚些时候回忆起整个梦。

5. 在梦漂走以前，将其锚定。找出锚定梦需要做的事情，然后付诸实践，并将其当作定期的晨练来进行。

6. 给梦起个名字。给梦命名不仅能帮助你更好地记住它，而且会鼓励你认真对待自己的梦，思考其中包含的信息。

第

11

章

澄清梦的具体信息

澄清梦的具体信息，意即获取对梦的清晰和完整的叙述。更具体来说，就是清楚地知道梦的背景、事件、感觉，以及对每一个关键人/事物的联想（就是前面提到的SEFA）。因此，要成功地澄清梦中信息，你需要做的就是细心聆听，开放式问询，以及记好笔记。如果你正帮另一个人解梦，那么就让他从叙述梦开始。如果可能的话，请他重回梦境，并用现在时进行描述，来体验梦中的事和场景，而不是简单地让客户念出记录在纸上的东西。如果做梦人不能以这种方式转述，那也没关系，就让他读出来吧。说不定在读的过程中，梦境就变得活灵活现，他又可以重新进入了。

在聆听的过程中，让自己的一部分同客户一起进入梦境，而另一部分置身事外，以便记笔记和保持专注力。你的眼睛和耳朵应该随时留意任何你可能辨认出的东西。如果你对梦叙述的某个方面感到困惑，可以打断和要求澄清。允许客户在不被打断的情况下，完整地回忆一遍，然后再回去填补缺失的信息。问询做梦人对梦中关键人/事物和元素的联想，比如，这个梦的主要人物是做梦人一个名叫约翰的朋友，那么你需要知道约翰是谁，这段关系的本质是什么，做梦人对约翰的看法和感觉是什么，以及约翰有什么优秀品质。

一旦你弄清楚了这四方面的信息，那么就可以继续进行下一步，开始问一些定位或连接问题了。如果你觉得自己需要更多准备时间，那么可以让做梦人更多地谈论你直觉可能重要的梦中的部分。如果你正用这个方法在解自己的梦，这一方法同样适用。将自己一分为二，做梦人和解梦师，然后采访你自己。在自己身上使用这种方法，你可能会对能够得到的结果感到惊讶。

澄清阶段可用的短语和问题

以下是我在澄清阶段使用的一些基本短语和问题。它们通常是中性的且不具引导性。这些短语和问题仅用于获取更多的信息以及澄清梦的具体信息上，除此之外，别无他用。

◎ 如果可以的话，回到梦中，把梦叙述出来，就好像你又一次置身其中一样。

◎ 如果可以的话，用现在时把这个梦告诉我，就好像这个梦正在发生一样。

◎ 把我带到梦里去。

◎ 这个梦的背景是什么？

◎ 这个梦在哪里发生？

◎ 你能多说说那个发生了……的部分吗？

◎ 当你说……你的意思是？

◎ 现在发生了什么？

◎ 当……时，是什么感觉？

◎ 你会把……和什么联系起来？

◎ ……有什么特质？

◎ 当你想起……你最先想到哪三样东西？

以下是一个解梦咨询的例子，在这个例子中，为了展开一项复杂的连接和感觉，需要做大量的澄清工作，然后逐渐通往重要的共鸣连接。在33岁的时候，玛丽被诊断出患有脑肿瘤。她接受了一轮放射性治疗，几个月之后又进行了磁共振复查，看看肿瘤是否扩散。这个梦“漂浮的死婴”就是在磁共振检查之后的那天晚上做的。我注意到，玛丽并不习惯辨识和报告自己的感觉（不管是在非睡眠状态中还是回忆梦的时候）。这意味着，需要做大量和发掘感情基调有关的澄清工作：

我好像是个男人，但我就是我自己，并且暗恋上了一个女孩儿。我很崇拜她，想要靠近她。她并不是我认识的人，她和她爸爸一起在家族企业里工作。我知道我想接近她，于是我申请了那里的工作，成了一名主管。一天晚上，公司的后门没关，这是我的责任，但什么都没有发生，没有人闯进来或发生其他任何事。我暗恋的女孩告诉我说：“是你没锁门。”然后，我想我告诉了她我喜欢她，或者她通过某种方式发现了我对她感兴趣，她就叫我离开。我只记得当时正下着雨，我上了一辆满员的车正要离开。车里都是我的朋友们，他们都是来接我的，我丈夫也在那儿。我看见了一个宝宝漂浮在水面上，他已经死了。我丈夫支持我把死婴捡起来，我正要抱起孩子的时候，就醒了。

解梦师：最后当你要抱起宝宝的时候，是什么感觉？

玛丽：就是奇怪……我并不想……我并不想抱起孩子。

解梦师：为什么？

玛丽：嗯，我知道他已经死了。

解梦师：你当时什么感觉？

玛丽：就是伤心。我不知道或者是不理解为什么这个宝宝会死，或者为什么会到处漂浮。他就在路边，感觉是漂浮着的。我知道他已经死了。白色的，看不见他的脸，因为脸是朝下的……所以，就是担忧、害怕和伤心，不知道该做什么。

解梦师：你说你不想拾起宝宝……但是你却这么做了？

玛丽：我就要到那儿了，我都弯下腰了。

解梦师：所以，是什么使你决定捡起那个婴儿？

玛丽：我丈夫在那，他非常支持我，而且我知道那就是要做的事情。

解梦师：如果你丈夫不在那儿呢？

玛丽：我想最终我还是会抱起那个宝宝吧。我觉得需要做些什么，而我就是那个面对宝宝的人，所以应该是我。

解梦师：来，跟我说说那个你喜欢的女孩儿。

玛丽：高瘦，苗条，稀疏的长发，我想是金发，很自然……很有光泽。我甚至不记得在梦中和她有过多的接触。我只是记得想要接近她。

解梦师：所以……让我们把精力集中在你为什么想接近她的感觉上。

玛丽：刚刚进入我脑海的想法是，我想接近我自己。（在此她做了一个自发连接）……因为，那就是我或多或少正在努力的方向。

解梦师：为什么她不想和你在一起？

玛丽：我不知道。可能她还没完全准备好。我想可能是我觉得在她接受我之前，还有很多工作要做。所以，这个梦可能是关于告诉我这个可能性，让我去接受，我也知道，这会是一个缓慢的过程，我有工作要做。（对做梦人和解梦师而言，这似乎是真的取得了共鸣。）

解梦师：当她发现你喜欢她的时候，她对你的态度如何？

玛丽：没有敌意。就是“我不感兴趣”的感觉，所以我走了。我不想进一步破坏现状。我选择离开。

解梦师：当她告诉你她不感兴趣的时候，你什么感觉？

玛丽：还好。我不觉得受伤，没什么感觉。我就是选择离开。

解梦师：没有感觉吗？

玛丽：没有。

解梦师：不感到失望？

玛丽：不。

解梦师：这个梦里有件引人注目的事情，不是吗？你暗恋她，你生活中的一切安排都是为了接近她，然后当她拒绝的时候，你立马就放弃了，并且对此你没有任何感想，没有情绪情感。那很奇怪，不是吗？（在此之前我仅仅做了澄清工作，现在我正试图使用强调和问询技巧帮助她建立连接——强调梦中的一个特定方面，然后问她是否看到和这一点的任何连接。）

玛丽：我的意思是，我可能有点失望吧。

解梦师：你离开之后，局面立马变得很紧张，对吗？发洪水了，还有死婴。所以，让我们试着把这两部分联系起来。

玛丽：好的。

解梦师：她拒绝了你。你接受了这一点。你离开了。然后我们就进入了梦的另一部分……

玛丽：（想了一会儿）那可能……那可能就是我的感受。可能洪水……可能我真的很难过。（这一点感情充沛且具共鸣性。）我觉得那就是我大部分时候对待生活的方式，自动地去压抑情感。

解梦师：当你压制这些东西时，会发生什么？

玛丽：哦，它会越积越多（大笑），然后我会有种不知道自己是谁的感觉。

解梦师：因此这个梦似乎正在传递对这一问题的信息——你无法完全体验自己的感觉。在梦中，你遭遇了情绪上的打击，但你并未让自己去充分体验它。你很轻易就放弃了，而放弃导致了一个非常可怕的情况。所以，这个梦正请求你去做什么呢？

玛丽：要继续努力靠近那个女孩？不要那么轻易放弃？是的，就是那样。那个女孩儿就是我。

解梦师：是的。尽管她很抗拒，但你需要一些坚持。

玛丽：对。正是。（现在这个梦得到了连接——她有了对这个梦是如何与她的生活联系的共鸣感觉。第四步完成了。）

解梦师：那就坚持下去。找到办法靠近她。（现在我们可以进行第五步——对梦的信息做出回应。）

为了和自己的两个重要部分——婴儿和年轻女孩——靠近，她可能采取什么方法，这是我们接着要讨论的内容。我建议玛丽应该两步一起走，因为只有和弃婴的重新连接完美达成，与年轻女孩的重新连接才可能发生。情况往往如此，创造性地运用想象力是最有利的工具。仅仅通过想象三个自己在一起——玛丽和年轻女孩轮流抱宝宝和宝宝亲密接触——一个愈合的过程就启动了。

在这次咨询中，定位是如何发生的呢？是通过一般主题的辨认得来的。这是一个“个人精神主题”的特例。它向玛丽展示了自己遭受了创伤和遭遇迷失的两个部分，这两个部分正要求她努力与它们重新结合。女孩儿和婴儿就是玛丽生活中两个关键创伤病灶的拟人化，一个是婴幼儿期的，另一个是青年时期的。这个梦现在给了她一个开始解决这两个旧创伤的机会。

贴士：在澄清阶段，时刻留意定位信息

对于长度和复杂性一般的梦而言，大概需要5到10分钟的澄清时间来弄清楚所有的背景、事件、感情和关联细节。但请记住你不能无限期地继续下去——也就是说，如果你计划的目标是将梦和做梦人的生活连接的话，那么澄清梦的细节信息就不应无休止地进行。不久之后，你将需要换挡、定位，以便可以往帮助促进连接的方向发展。牢记那七个关键的定位策略（以及其他任何对你奏效的技巧），使你大脑的一部分对任何熟悉的指示都保持警觉。定位技巧的使用是分离倾听梦（倾听本身当然是非常有价值的）和实际解梦工作的分水岭。

如果你无法做出任何联想怎么办

有一些梦包含完全神秘的主题。你可能会感到这个梦携带着非常重要的信息，但是梦中的语言和意象是完全陌生的。正常的澄清过程并没有产生多少令人满意的结果，因为你无法做出很多关联。正如玛丽·露易丝·冯·弗兰兹所说："在一些原型梦中，做梦人常常没有联想。这个时候，你就需要进入集体层面——人类与那一主题的联系是什么？"在这种情况中，解梦师可以通过向做梦人提供可能的、与梦相匹配的、典型的文化联想来促成解梦过程的发展。像往常一样，这些建议的关联必须通过双共振测试。

亚当，26岁，男性，他无法顺利做出职业选择，也无法在一段亲密关系中稳定下来。尽管在理论上他两者都想要，但他发现对当前的职业道路和女友，他总有些感觉不对的地方。在我们的一次咨询中，他带来了一个名为"年轻人和老人"的梦：

我独自在乡间旅行。夜幕快要降临的时候，我看到了一所房子。想着我可以在那儿过一夜，于是，我走过去敲了敲门。一位老人开了门，并邀请我进屋。他非常友好，但总是透着一股悲伤和令人痛苦的孤寂。他看起来独居于此。他带着我在屋子里转了一圈。他有很多从世界各地收集而来的精致的手工艺品和艺术品。很显然，他有着多彩的生活并且阅历丰富。要睡觉的时候，他不无尴尬地对我说，因为屋子里只有一张床，所以我俩不得不一起挤一个晚上。我告诉他没关系。我们上了床。感觉很奇怪，但也不是那种有什么奇异或者非常不好的事情要发生的感觉——就是很尴尬。我试着放松，他也非常不安。他辗转反侧，最后起身离开了屋子。不久，我就睡着了。

我们开始澄清梦的具体信息，但是进展并不顺利，因为亚当无法做出很多关联。在他看来，这是个非常重要的梦，但是也非常神秘，和他平常做的梦非常不一样。作为他的解梦师，这个梦的原型最令我震惊，因此，我向他建议：我们可以把这个梦看作是古希腊神话中森纳士老人原型和永恒男孩原型的相遇。这对于亚当来说是个新领域，因此我建议他在我们下次咨询前阅读一些有关这些原型人物的书籍。我借给了他一本玛丽·露易丝·冯·弗兰兹的《永恒的男孩》（*Puer Aeternus*）。如果他真的能理解的话，就可以证实我们正在处理他心中的产生了这个原型梦的重要原型发展。如果这本书让他一无所获的话，我们就需要从头开始。

亚当确实理解了。他觉得这本书非常有用，因为它帮助他辨认出了自己身上的很多永恒男孩的特质，特别是把青年对无限可能的感觉缩小到唯一一条负责任的道路的困难。正如永恒男孩的典型形象一样，这个年轻人害怕变老和孤独，因此，每当来到迈向成熟的任何重要步骤时就会畏缩不前。他需要重新梳理自己对年龄、成熟和经验的消极感受，梦借用了老人原型来说明这一点。这个梦看似正请求亚当花一些时间与老人亲密共处，就算开始会有些尴尬。所有这些都是在原型故事中呈现出来的，使用了旅行者和陌生人的房子这样的旧主题来隐喻某人人生旅途中的重要相遇。

总结

当你重入自己或他人的梦中时，常常感觉自己就像是在陌生的新景观中的探险者。如果你冒险进入了，得到的感觉仅仅是迷失了方向怎么办？如果真的如此，不要担心，这很正常。确保你已经掌握了这个梦的清晰和完整的信息。现在是不迷失的时候了，拿出你的指南针，开始定位自己吧。

第 12 章

定位：梦在请求什么

定位有不同的方法，却没有固定的方式。有的时候是自发产生的，有的时候不是。有时候，我们能立即知道这个梦正传递什么信息，有的时候却不能。有的时候定位感难以琢磨，这个梦可能几年都是个谜。如果这种定位感对你避之不及，不要慌张！使用以下七个定位技巧。有些梦会自然地适用一种或另一种技巧，所以你应该熟悉所有方法，并灵活直观地使用它们。如果一个方法行不通，那就放弃，并试试另一种方法。

到目前为止，你对梦做了什么

如果你正在解别人的梦，第一步正式定位行动可以是简单地询问做梦人他对这个梦做何感想。他可能已经思考过这个梦的可能含义，在某些情况中或许已经完全理解梦是如何与他的生活连接的。我通常会问一个或多个这类问题：

◎ 到目前为止，你对这个梦做了什么？

◎ 你是否感觉这个梦正传递什么信息？

◎ 你做出了什么连接吗？

◎ 对你来说，这个梦意味着什么？

◎ 你的造梦器现在为什么需要向你发送这一则信息？

◎ 你认为这个梦正请求什么？

如果这一步产生了一个有希望的连接，那么就马上进入第五步，对梦的信息做出回应。请记住，这一连接必须是双重共鸣的，也就是和你以及做梦人都能产生共鸣（详见第5章）。但是，做梦人往往不知道梦正试图表达什么，或者他们的见解感觉不完整或不尽如人意。在这种情况下，你现在必须帮助催化理解的过程。你的直觉正引领你通往某处，那就一定要遵从直觉。如若不然，就使用上面列举的一个或多个技巧，以下是对这些技巧的详细讨论。

通过这个问题来定位：梦想要什么

过去几年，我发现，每当我倾听客户的梦和找准自己的定位时，我的出发点渐渐从“这个梦什么意思”往“这个梦想要什么”方向发展。这一做法的结果形成了一种解梦风格，这种风格更直接、更专注于个人成长。这一转变也缩短了我的解梦时间，并且回报更大，这对我自己和来找我咨询的人都裨益无穷。

哈维做了一个经典的梦，在梦中一个可怕的家伙正试图私闯民宅。他不大说得清这个人的样子，只知道是男性，身形魁梧，看似不怀好意。我们直接跳到了“这个梦想要什么”这一问题上，而不是从这个梦可能是什么意思开始。哈维立即说：“嗯，通常在这样的梦里，我都非常害怕，不敢走到门口和歹徒对抗，但我觉得我的梦正告诉我，我应该到门口去。”

我们现在知道这个梦正指向哈维的潜意识“想要”发生的一场可能的相遇。它正在为一场很重要的邂逅奠定基础。用荣格的术语来说，我们可以说这个梦正在为哈维与自己影子的一部分之间的重逢做准备。正如玛丽·露易丝·冯·弗兰兹所说：“在我们的梦里，我们经常被自己人格的部分攻击。”[①]事实上，在这种梦里，这样的攻击事实上并不会发生。通过使用这一捷径，我们在几分钟之内就得出了哈维的梦的含义。他的某个新的部分冒了出来，试图进入他的意识中，但在此之前，哈维出于恐惧，并未让它如愿以偿。

通过辨认普遍的梦主题进行定位

想象一下，你正在浏览电视频道，你可能几秒钟内就能辨认出电视节目的类型，那是体育频道，那是商业广告，那是新闻，那是肥皂剧，那是情景戏剧，等等。如果你无法辨认节目类型，这会很奇怪，且令人不安。我们大多数人都非常熟悉电视节目的类型和惯常规则，以至于这种辨识就像是我们的第二本能。

要是你对梦也有这样的能力呢？

如果你能在几秒钟之内就辨识出你刚做的梦或别人告诉你的梦的类型呢？这就是主题辨认，这让解梦变得非常容易。

举个例子说明主题辨认在实际中是如何运作的。里斯，29 岁，她做“月亮和雾气”这个梦的时候才十几岁，但仍能清楚地记得，她觉得这是她生命中重要的梦之一。里斯在一个基督教价值观浓厚的家庭中长大，她的整个童年都笼罩在这样的恐惧之下：她可能会进地狱。下面是“月亮和雾气”梦的内容：

---

① 玛丽·露易丝·冯·弗兰兹，《梦的运行方式》（视频）。

我正坐在家中厨房的餐桌旁。那是晚饭时间。我们全家都坐下了，除了我爸爸。他的座位是空着的。我能看见天边悬着的大月亮，圆圆的，橙黄色，活力十足。我妈妈正试图让我们冷静，她说："没关系，他很快就会来的。"我很害怕。这让人害怕，令人毛骨悚然，有种悬疑的感觉，好像什么事就要发生。然后，就有雾气开始从门外进来。我觉得这雾气想要抓住我。我想我不能让它得逞！然后，突然我就到了楼下我的卧室里，爬到了柜子的顶层。我向大厅望去，那里灯火通明。我知道雾气会从拐角处绕过来进到我房间。我在柜子上环顾四周，疯狂地寻找能保护我免受雾气影响的东西。我找到了一本《圣经》或一个十字架。找到的正是时候，就在雾气要包围我的时候，我握着《圣经》/十字架，好像要说："走开！你抓不到我！我有东西保护！"

当我在倾听这个梦的时候，我的主要定位来自于辨认出了一系列熟悉的主题——一些危险的东西正试图进入屋子，抓住做梦人；她以恐惧的态度来回应，拼命地试图阻止其进入屋内，但并没有什么效果；然后她有感觉她将受到伤害，但实际上并未对她造成任何伤害。这是在解梦工作中最常遇到的主题类型。这是影子梦的特征——意味着一些潜在的积极的新发展正进入里斯的生活，但是她对此很害怕，并避免与其相遇。

一旦我们辨认出了影子的动态存在，就可以获得某种非常有用的定位。我们不但可以知道里斯的心中正发生什么，还可以了解这个梦正向她要求什么。在这个例子中，这个梦正让她停止逃离月亮和雾气的举动，停止通过躲在旧的宗教架构之后来阻止新生活能量的涌现。请求她做刚好相反的事情——进入与月亮和雾气的相遇。当我让里斯想象自己走出屋子，进入迷雾笼罩的月色中时，她马上开始感受到一股神秘和强大的能量，仍然有点可怕，但同时非常有吸引力。

里斯在做这个梦的时候（十几岁的光景），可能还不能很好地和自己的这些部分相遇。它们已经开始涌现（否则她不可能做这样的梦），但同时她因为太害怕而无法处理它们。因此这个梦能够栩栩如生地保留在她的记忆中超过10年时间，直到时机成熟，她准备好了从自己父母的屋子里走出来，开始探索她自身的这一新的部分。

贴士：重温旧梦，对你也很有用

当我们仍然能回想起很多年前做过的一个旧梦时，这意味着什么？可能意味着这个梦正在索要一些仍未发生的东西。这样的梦往往会存活在我们的记忆中，或者以不同的版本重复自己，直到我们解决这个问题的合适情形出现了。影子梦尤其如此——我们会一遍又一遍地梦到危险的追赶者或入侵者，紧急程度往往呈递增趋势，直到我们最终鼓足勇气走到门口，把门打开。

通过内在和外在定位

我经常听到这样的说法：在梦中出现的一切都是做梦人某个方面的反映。果真如此的话，这就意味着我们无法梦到在外部世界中正影响我们的任何人或事，而这显然是不对的。的确，在我们的梦中出现的很多人/事物以及主题都是主观的，它们都指向我们内在的一些东西，但也不尽然。我们要能够分辨出这其中的区别，这一点很重要。举个很常见的例子。如果一个小孩的妈妈梦到了一个生病的、正在哭泣的宝宝，那这个梦是要告诉她的实际（外部）小孩的一些情况呢，还是她的内在小孩的状态？可能是其中之一，也可能两者都有。解梦师必须总是习惯于这样的双重可能性。因此，你可以询问的最常见和重要的定位问题之一就是内在 / 外在问题："我梦中的这个人物代表了我的一部分吗？或者它是否代表正影响我的外在的某事或某人？"

贴士：对每一个关键的梦中人 / 事物，都问内在 / 外在问题

在解梦的时候，内在 / 外在定位往往是你需要的东西，并且宜早不宜迟。选择梦中最重要的人 / 事物或实体，然后立即问和那个人 / 物有关的内在 / 外在问题。这将立即给你某种程度的定位，知道自己的基本方位，在此之后你就可以进入梦境了。

我们来看一个梦例，在这个例子中最重要的定位问题就是内在 / 外在问题。在朱迪的名为"双枪男人"梦中的那个男人到底是内在人物还是外在人物？根据我们开始时选择的定位，解梦工作将向非常不同的方向发展。

别人提醒我有个家伙正躲在某处，要我特别留心。我怀疑他正藏在塞满东西的衣柜里。我用手在衣服里到处扒拉了一通，想知道他是否在里面，但什么也没发生。然后，他就出现了——和我一样，身材瘦削，穿了一件休闲白T恤和一条黑裤子。他有两把枪，一把比另一把大一点。他离我大概三尺远。我把枪从他手里夺了过来（他并不敏捷也不强壮），并朝他的脚开了一枪，我想是左脚。他穿着白色的鞋子，鞋子没有接缝也没有鞋带。我看到我开枪打到的地方冒出了一滴血。我和他都望着受伤的地方。我觉得可能我并不需要朝他开枪，因为我已经卸掉了他的武器，为什么还要开枪打他呢？

让我们先来试试内在定位。把双枪男人看作是朱迪的某个方面，我们可能希望他是个影子人物，即朱迪的一个尚未被整合的方面，这个部分正在涌现并要求合成。他具有影子人物常见的特征——起初看似很吓人，但当梦自我鼓足勇气去面对他、了解他，他就变得越来越不具有威胁性了。从心理上来讲，一个影子人物应该代表做梦人自身休眠或被抑制的品质的出现，他将随身携带重要的新的潜能——在这个例子中，可能和对抗有关，因为这个人物持两把枪对着她。朱迪是否需要通过两种特定的方式变得更勇于对抗和自信（因为一把枪大，一把枪小）？

我让朱迪想象自己是那个双枪男人。如果她能很容易将自己等同于他，并开始觉察他潜在的积极品质，就表明我们正在处理一个影子动态。然而，在这种情况下，她对这个人物并没有多少认同感；当她想象自己成为他的时候，并没有产生情感负荷。解梦的时候，走进了这样的死胡同，用另一种看待事物的方式是个好主意。

现在我们换一换，来试试外在——假如我们把这个人看作一个外在人物，那么他可能是外部的某人或某事的拟人化。我们可以通过重申在梦中出现的模式来帮助朱迪建立连接："你发现自己被某人威胁，但你很容易就卸了他的武器。你觉得他可能伤害你，所以你先攻击他。然后，你看着自己所做的一切，感觉很糟糕，觉得自己可能反应过激了。你生活中有这样的模式吗？"我们也可以用类似的方法，通过关注感情基调来促进连接："你感觉好像有人正袭击你，所以你必须迅速回击，但后来又觉得好像你对他造成了不必要的伤害。在生活中，你曾有过这样的混合情感吗？"

现在，朱迪能够辨认出这一模式和感情基调，并成功地将此和她的生活连接。她意识到，在特定社交情境中，她常常感觉某人对她不敬或粗鲁。然后，她会自动地不假思索地用尖刻的语言回击他，旨在对他造成伤害，因为她觉得他可能想伤害她。事后，她又时常觉得自己反应过度，可能对那个人造成了伤害，朱迪对自己的行为感到懊悔。当我和朱迪通过这种方式去理解这个梦的时候——把双枪男人看作外在人物，而不是朱迪自身内在的方面——会产生更多的能量。

现在我们意识到，我们正在处理的是一个自我检查主题，而不是影子主题。这个梦正告诉朱迪她是如何待人接物的，她太过敏感，反应过快，会不必要地防御和伤人，而这些行为正对她的人际关系造成伤害。自我检查主题的梦情况往往如此，这类梦喜欢使用夸张手法来传递信息——它在描述感到别人对自己不敬的场景时就好像有人举着两把枪对着你一样。把回击时使用攻击性自卫言论的行为比作缴械和开枪射击某人。虽然梦境可能很夸张，但这种感觉正是她在清醒时的真实感受。

贴士：有的人抗拒内在，有些人抵抗外在

辨别一个梦中人／事物到底是不是一个人自身部分的能力是一种可以习得的技能。这并不是天生就有的，有些人对此非常抗拒。如果一个抗拒内在的人梦到了一个欺凌者，他不会自发地考虑这种可能性：他自己的天性里有欺凌别人的部分；就算他的解梦师让他考虑这种可能性的时候，他仍可能非常抗拒从这个角度看问题。如果在你向客户建议内在定位时遇到了强烈的抵抗，这并不意味着你走上了错误的轨道。恰恰相反，强烈抵制就是一种共鸣，证实你有所获。另一个极端就是，一些人很容易就把梦中人／事物看作内在定位，很难想象他们有可能是外指的。你要做好遇到这两种情况的准备。

被内化的人 / 事物——当内在和外在相遇

内在和外在经常会合并，让我们很难区分。这在很大程度上是由于心理内化的现象产生的，也即一个人外在世界的任何重要人 / 事物都有可能被内化。比如，我们内心的父亲的形象总是被我们现实中的父亲塑造和影响。一旦这种内化发生，我们做的有关父亲的梦或许就有几层可能的意思。如果他出现在我们的梦里，他是作为他自己出现的呢？还是作为被内化的父亲复合体的部分出现？或是兼而有之？在解梦的时候，这通常会模糊内在 / 外在区别。

被内化的人 / 事物，特别是如果他们有着消极的方面的话，可能在我们的心理中无限期地存活，并成为导致停滞的焦点。他们通常是静态的，就像冻结在了时间里一样，将一个问题固化，甚至是在外部世界中的原型人物已经死了很久以后。从精神动力学层面来讲，如果一个内化人 / 事物已经成为消极情感复合体的焦点，那么它就应该被当作内向投射来处理——一个来自外部世界强行进入心理的结构，从未被完全接受和整合为自己的真正部分，但仍然在自己的个人意识中占据根深蒂固的位置（参见第 22 章）。

我们以艾莉森的梦为例。

艾莉森，32 岁，在她的极其苛责和喜欢贬损人的父亲身边长大。作为一个孩子，在经受了数年父亲的批评之后，她发展出了一个他的内化版本，一个内在的批评家，并且把它带入了自己的成年生活中（用荣格心理学的话说，是消极的敌对人物或者消极的内在阳刚）。她的这一部分以她小时候父亲的做法运作，总是打击她的自信和自尊。这又反过来在她心里制造了这样一种倾向：她发现自己总是被喜欢批评别人和损别人的男性吸引，并且反复“允许”他们用和她父亲以及她的内在批评家一样的方式来伤害她。艾莉森倾向于接受男友们的批评，并认为这些批评是对的，因为它们和她的内在现实是吻合的，尽管她的一部分知道它们完全不正确，她不应该容忍这些指责。

那么问题来了：如果艾莉森做了一个她男朋友用很夸张的方式伤害她的梦，这个梦要告诉她什么？是否正告诉她，她外在的男友对她来说极具伤害性，她必须停止容忍他的行为（一种从外在看待问题的方法）？或者是否正告诉她，她内化的苛责的男性人物对她非常有害，她必须对此采取措施（内在方法）？在此种情况中，通常两种情况兼而有之，这也就是内在外在不可分割的地方。换句话来说，她只有改变内在的情况，才能从实质上改变外部状况，反之亦然。

以下是艾莉森的梦，名为“滑蛇伤”：

我和我妹妹M还有蛇小姐——她是一个对危险的蛇了如指掌的人——在一起。蛇小姐有很多用不同的蛇皮制成的东西，摇铃、棍棒、画笔。她正描述不同种类的蛇，并展示给我们看。我妹妹坐在沙发上，一条蛇在她周围爬行，把她团团围住。她求我帮忙，给我看了她全身的伤口，连同她左边的身体，都是被那条蛇咬的。那些伤口没有愈合的迹象。最新鲜的是胸口上方那一个，就在心脏旁边。她说蛇会从那进去，然后滑出来又溜进去。我知道她的伤口为什么还没有愈合了。所以，我问蛇小姐，她是否可以帮忙把蛇拿走。

首先要弄清楚的是，艾莉森的妹妹是以她自己的身份出现在梦中，还是扮演了做梦人的一部分，或者两者都有。艾莉森很清楚，M主要扮演了她自己的一部分的角色。接下来，我们需要弄清楚蛇代表什么——就是那条在靠近心脏的地方重复咬伤做梦人的蛇。在梦里，蛇和蛇伤都“可能”意指积极的发展，但是这一条蛇对于艾莉森来说没有任何积极的感觉，她很清楚它代表了一些有害的东西，并且是彻底消极的。她将咬伤和她现在的男朋友、过去的男友们以及她父亲联系起来了。

有的时候我男友对待我的方式激发了我内在的两个部分——其中一部分感觉非常糟糕、受伤和难过，因为可能我活该；另一部分觉得非常生气，因为我知道这不是我应得的，然而我还是受到了伤害。我对其他男友们和我父亲的反应也是如此。

因此，蛇梦显然有着外在的方面，代表当下男友和父亲对她造成的伤害。然后，我们切换定位，把蛇看作内在事物。做梦人觉得也有道理；在她心里肯定有什么东西正将这一模式永久化。这个梦帮助艾莉森理解到：如果她不处理这条内在的蛇，那么她的自尊就没法很好地愈合，因为这条内在的蛇使她接受和易于受到关键外部人物的行为伤害。她必须从内外两方面处理这个问题。

这种理解问题的方式并不意味着艾莉森以某种方式“制造”了她男友（或父亲）对她的批评，也不是说她应该为他们或他们的行为负责，而是给了她重要的信息，让她理解，为什么她会容忍他们对自己的伤害，并且允许这种伤害继续。她的内在批评部分构建了这样一个场效应，允许来自重要男性人物的批评和贬损行为，在某种程度上，它是通过产生一种她可能莫名其妙地觉得自己“活该”的感觉来这么做的。很久以前，艾莉森的外在世界就构建了她的内在世界，现在她的内在世界反过来组建她的外在世界。

那么，艾莉森如何处理这条内在的蛇呢？我们能否将这些在我们有记忆以来就根植于脑海的消极内向投射清除出去呢？我们可以杀死它们吗？驱逐它们？削弱它们？学习与它们共处？选择是什么？所幸的是，在艾莉森的梦中呈现了一个非常积极的元素——蛇小姐。这一人物看似对蛇和它们的行为都非常了解。这可能意味着，做梦人现在有机会向这位小姐了解，有关蛇的整个情况是如何在她的心里运作的，可以做什么来处理这种情况。

要将内向投射清除出去并非易事。尽管在某种意义上，内向投射是陌生的，从未完全被接受和整合为自己的真正部分，但因为它在此的时间长久、地位稳固，其显然已经被纳入了心理结构当中。但是，这样的梦出现的时候，很明显是在请求采取某种行动来对抗蛇－内向投射的伤害性力量。必须做些什么，要不然这条蛇将继续造成同样的伤害，无限期地延长愈合的可能。在这种情况下，一个学识渊博的老师蛇小姐在梦中的出现表明，对艾莉森来说，当下最重要的事情就是了解蛇－内向投射如何运作的。

通过“成为部分”定位

这是解梦工作中最具价值的技巧之一。这一技巧使用起来非常直接，能够让你拥有一种新的体验，将自己与梦中的关键元素或人物等同起来。在梦中看起来，完全外在的某人或某事现在可能可以被感受成自己的一部分。通常，这就可以取得和梦信息的即时连接。“成为部分”技巧的效果在这样的人物身上效果出奇地好：就是那些负面的、龌龊的、可怕的和令人讨厌的角色。如果你怀疑出现了“自我检查主题”或者“影子主题”，那么这个技巧通常是最直接和富有成效的处理方法。如果你或你正在帮助的做梦人能够这么做，那么，一连串的领悟和认同感往往就会滚滚而来。

在邀请自己或者做梦人来玩这个角色扮演梦中人/事物的游戏之时，你可以问以下问题：

◎ 我们能否将这个人/事物看作你的部分？

◎ 这个 ______ 会是你的哪个部分？

◎ 你可以将自己等同于那个人/事物吗？

◎ 你可以从 ______ 的角度复述这个梦吗？

◎ 你可以扮演 ______ 的角色吗？

◎ 让你自己成为 ______。

◎ 成为 ______。

如果做梦人有困难，那么重申梦中人/事物的特质可能会有所帮助，你可以问做梦人，他是否在自己身上看到了这些品质中的任何一点或几点。问题可以是这样的：

◎ 所以，在梦中的这个男人说话很大声，喜欢发号施令，以自我为中心，总是想成为关注的重心……你自己身上是否有某个部分是这样的呢？

贴士：你可能是你的梦的任何方面

在使用“成为部分”的技巧时，梦中的任何事和所有一切机会都是均等的。并不一定要是一个人或事物，你可以选择梦中的任何元素进行尝试，感冒、暗黑、迷失感、沮丧，一个地点，一种心情，从行动中撤离，故事中的缺口，等等。使用你的直觉来感应应该选择哪个元素或人物，如果你第一次选的行不通，那就另选一个。如果你觉得这种处理梦的方法很有趣，我建议你多了解这种格式塔解梦方法。正如格式塔治疗师迈耶（Kenneth Meyer）所说：“格式塔解梦法——在梦中的角色扮演、模仿，舞蹈或者歌唱——使它们呈现的隐喻对我们来说更加活灵活现和具有现实效应。我们展示自己的方面，而非谈论。”[①]

---

① 肯尼斯·迈耶，《格式塔解梦法》，选自《梦与创伤后应激障碍噩梦：心理治疗师和咨询师可采用的14种方法》，第66页。

一个名为克莱顿的50岁男性找到我，主要想解决他的社交焦虑问题。他讲述了一个名为“无皮婴儿”的梦：

我妻子D和我正坐在一张老式课桌前。桌子上有块区域被挖空了，在中间躺着个婴儿。不知何故，我觉得这个宝宝是个索马里人。他没有皮肤，你可以看到他的所有器官，但他是活的。D正说着有关宝宝的东西，她比我更关注，但她也没有触碰或抱起他。我感觉震惊，不知所措……

克莱顿开始对这个无皮宝宝做出联想——他将其和这些回忆联系起来：自己还是孩子的时候，父亲离开家产生的创伤感；成为孤儿的感觉；车祸过后处于极度痛苦中的记忆；在婴儿时期长牛皮癣的回忆；以及有关他还是婴儿的时候从姐姐们那得到太多关注的家庭传说。

尽管这些联想在某种意义上来说都是对的，但它们却没有产生共鸣，没有解锁这个梦的真正潜能。直到我让克莱顿去“成为这个婴儿”的时候，一种深层的共鸣的连接才得以获得：

解梦师：你可以把自己当作那个宝宝吗？

克莱顿：好的。（闭上了眼睛）

解梦师：（5—10秒钟的停顿）感觉如何？

克莱顿：冷……脆弱……超敏感……暴露无遗。

解梦师：你在生活中什么地方有这些感觉？

克莱顿：到处都有。只要和人在一起，我都非常敏感以至于不得不切断联系，就像受惊了一样。

这是一个非常情感化和极具共鸣性的领悟，与克莱顿主要关注的社交焦虑取得了连接——他在人群中感到如此裸露和脆弱，以至于他无法放松和享受他们的陪伴。克莱顿的解梦咨询表明：成为梦中人物是如何能够轻而易举且直接得到定位的。当克莱顿在隐喻性体验成为无皮宝宝的时候，他清醒时的生活就容易与这个经验连接起来了。在这个案例中，这个梦告诉我们愈合过程是渐进和困难的，因为宝宝没有皮肤，所以很难和他亲密接触，这意味着他还不能被抱起。令人鼓舞的迹象是他妻子的存在，她要比克莱顿更关注这个孩子。这表明，他的妻子可能在有必要发生的重新连接的过程中起到很大的作用。

对此的一个可能回应就是让克莱顿使用他的创造性想象力来想象这个宝宝长出了第一层皮，然后第二层，第三层。最终，这个内在宝宝做好了被抱起的准备，现在克莱顿可以想象这种可能性。这并不是个一次性的可视化想象，它需要克莱顿去做一系列的想象练习。

如果你无法进入角色怎么办

在试过了以上讨论的技巧之后，你仍然发现很难对梦中人/事物感同身受，那可能意味着你存在以下列举的一个或多个问题：

◎ 有一个更深层次的问题需要被理解，存在一个障碍或阻力阻止你进入角色。

◎ 这个人/事物正描述的并不是你的一部分。可以考虑这种可能性：它或许是正影响你的外在人物或情景的描写，或者可能描绘的是一个内向投射。

◎ 这个人/事物的确是你的一个方面，但它延伸得太大了，令你无法去认同一个早已超出了你当前对你自己是谁的理解的人/事物。在这种情况下，请坚持下去，不断尝试角色扮演的方法。强调这一人/事物的积极品质，使其更易被接受。

我们如何知道要扮演哪部分？

对这个问题，你能做的就是遵从你的直觉。一条金科玉律就是选择你认为最不适用“成为部分”技巧的梦中的部分/人/事物/元素。这将帮助你转变到一个你并不常用的角度，并且几乎总是会产生更多的动态结果。

通过好事/坏事定位

我们常常难以分辨在梦中发生的主要事件到底意指一些好的或是坏的事情。通常情况下，我们两方面都要考虑，一次从一个角度去看问题，会把我们引向对梦的理解。还是一样，这个问题的答案必须通过“双共振”测试，也就是做梦人和解梦师都要觉得这是对的才行。

我们来看看瑞秋的梦，这个梦叫“讨厌的怀孕”。做这个梦的时候，她已经52岁了，并且正处于很难找到令人满意的情感关系的窘境中：

我怀孕5个月了，是被强奸的或者是和我并不喜欢的人。谁都不想要这个孩子。别人说我应该把孩子打掉。这个梦就是有关堕胎的。我问我的同事C是否可以做堕胎手术。他说他不能，因为他只是个实习医生。为手术操刀的是一位既非医生也非护士的女士。我已经自己剖开了肚子，想要自己来做，但行不通。我告诉那个女士我做了什么，还有我可能把刀口切得太长没办法缝合起来。然后，我被带进了一个小房间去堕胎。我打开门，屋子里有一张手术台，三个护士正等着进行手术。有种温暖的感觉……我醒了。

在梦的开头呈现的含义不明的怀孕场景似乎需要我们进行好事/坏事定位，所以我问瑞秋：“你认为怀孕是好事还是坏事？”我们首先考虑的是怀孕是件好事这种可能性——这使她做出了这样的连接：怀孕和她长久以来形成的恋爱模式有关。在恋爱关系中，她总是那个主动发起关系的人，然后会突然临阵畏缩，想要终止关系。从这个角度看，梦可能正请求瑞秋挑战这种旧模式，忽视自己的恐惧，在这些关系中的其中一段中比她往常停留更长的时间，以此给这段关系发展的机会。接着，我们开始考虑怀孕意指坏事的可能性。这将我们引向了完全相反的方向——她被奸受孕的事实表明，梦可能正指向一个内向投射，即来自外部的一些陌生和多余的事物的强行入侵。在这种情境中，梦可能正请求瑞秋立即采取行动，终止妊娠，以免外来入侵长得太大而无法被驱逐出去。

在大多数情况下，一种看问题的方式总是明显比另一种能产生更多的共鸣，并可以明确指出进一步解梦和回应梦的信息的方向。然而，在这个案例中，两种看待梦的方式对瑞秋来说都看似正确，且都具有共鸣性。那么，现在我们就要做出决定了：我们是应该走哪条路呢？或者对两种可能性都保持开放态度，直到新东西的出现？对瑞秋而言，两条路看起来都对，尽管它们完全背道而驰，这一事实可能意味着有些更深层次的东西正以某种方式将两种可能性连接在一起，只不过她仍未感知到这一隐含的真相。在这种情况下，最好的办法就是让做梦人同时研究两种可能性。我们仍无法进入对梦做出回应的层面，因为我们根本不知道应该对什么回应。因此，我们的回应只能是一个连接前回应，这一回应的目的是帮助建立进一步明晰和易解的环境，可能请求另一个能使故事纵深发展的梦是个好办法。

让我们来看看另一个例子。克莱拉，55 岁，女性，她在一个信奉福音派基督教的家庭中长大。克莱拉反复做一个梦，梦的细节会有少许变化，但是产生的情绪影响总是非常相似；她给我说了她最近梦到的一个版本，她把这个梦叫作“家庭被提”[1]：

---

① 在基督教教义中意指将所有信徒从地上搬走，从而完成所谓的“教会被提”（The Rapture）。

我独自一人待在屋子里，凝视着窗子。窗户在我对面，漆黑一片，我明白里面空无一物。有一种令人难以置信的焦灼感，因为我知道一场核战爆发了。一枚原子弹被引爆，其灾难性后果正在蔓延至全世界。天空是深灰色的。周围只有零散几人，正挣扎着活下去。我离开了屋子，在街上慌忙逃窜，试图找到更安全的地方可以逃过一劫。然后场景转换到了另一间屋子，屋子里面有台电梯……我妈妈正在那里等我。看起来世界的一部分已经末日降临，也是基督二次降临的时候，或者是我们熟知的“教会被提”。其他的家人已经进去了，妈妈是在这里等我一起去找他们。但我不打算进电梯。我妈妈在哭，不明白为什么上帝没有选我让我一起去天堂。我向她保证说，上帝把我留下来一定有他的目的。妈妈进了电梯，然后门就关上了。我记得的最后一幅景象就是妈妈放声痛哭，我能感受到她的痛苦向我喷涌而来。常常这个梦就会在这儿戛然而止，我会从梦中醒来，惶恐不安，还有一种要祈求我的永恒灵魂得到救赎的意愿。(这个梦在我的成年生活中反复出现，每一次做这个梦都会让我感到非常痛苦。梦总是以同样的方式开始；每一次都是相同的人物，结尾也总是一样。)

这个梦摆出了一个非常清晰的问题——她到底该不该进电梯？克莱拉在生活中的很长一段时间，都被这个梦困扰，她还不确定答案到底是什么。当电梯门关上时那种痛苦和恐惧的感觉表明，她应该进去，和家人在一起。另一方面，她长久以来就已经知道，教会被提并不适合她——“我坚定地相信和拥护上帝的力量，我遵从它，并用和我家人不一样的方式去表达。在我成年初期，我知道我不能遵循那种刻板的、审判的、恐惧性的教义，这种教义是教堂里的其他人都信奉的。到我40岁的时候，我找到了一种通过喜悦和平和的方式来表达我的信仰。”还会继续做这个梦也指出了她的一个问题：缺乏决心。克莱拉并不完全知道正确的选择到底是什么，这个梦正迫切地要求她解决这种可怕的不确定感。显然，在知道中心问题的答案之前，我们是无法制定出对这个梦的回应的。

在此提出了非常重要的问题却没有留下答案的梦中，最好的定位方法往往是通过考虑好事、坏事得来的。当我们开始解梦的时候，我问克莱拉："你认为你留在地球上是好事还是坏事？"当问题以这样的方式和言辞摆在她面前的时候，她很清楚答案是什么："我注定要留下来。我的工作就在地球上。我共事的人就是那些渴望重新找到灵魂核心的人。我需要在地球愈合的事业中贡献一己之力。"

这是对我俩都能产生共鸣的真实感。现在我们确切地知道她不应该进入电梯，就算这意味着要经受与家人分离的痛苦；同时也意味着她被留下来，为了在这个灰暗和混乱的世界中体验这条艰难之路。现在我们可以考虑进行回应了。这个回应需要具有这样的特性：加强克莱拉和家人道别的决心，拥抱自己在地球上的生活，并且能支撑其度过正要发生的困难的转变。她在头脑中早就知道她需要做出这一转型，但她感觉身体并未采取行动，因此这个梦就不断重复，以至于她被怀疑和恐惧折磨，害怕自己可能做出错误的选择。

作为回应，我让克莱拉简单地想象自己和家人道别，走出电梯，并下意识地告诉自己她正在做正确的事情。在反复做了这个想象练习一段时间之后，她开始感觉到了一种变化："我不再做这个梦了，并且想到这些隐喻的含义时，非常平和。我现在能理解这个信息了，它让我坚定了决心。"

贴士：你并不一定需要知道答案才能定位

找出梦中正在发生，已经发生或者将要发生的中心事件。你可能还不知道这到底是件好事还是坏事。不要把你不知道答案这一事实当作是件消极或令人困惑的事情，而是把它看作一个成功定位的机会。做梦人迟早会自己找到问题的答案，你的工作就是设置清晰和开放性的提问。

当你问“好事 / 坏事”问题的时候，使自己的语调保持中立且不带任何偏见；在提问题的时候，你要听起来是完全开放的，甚至是天真的，就好像你真的不知道答案是什么一样。梦自我往往会强烈支持这个或那个答案，但你不能这样。我试过很多种问这种问题的方式，发现最好的往往是那些最简单的：“你认为……是好事还是坏事？”在从一个角度切换到另一个角度的时候，我常常会说：“好，很好。现在，让我们从另一个角度来看看这个问题。”

通过动态 / 停滞定位

另一个在梦境中找到定位的可靠方式就是问你自己：什么是动态的，什么是停滞的；什么是移动的，什么是静止的；什么变化正试图发生，又是什么问题阻止其发生。人的心理并非静止不变的，但就像一只被脚镣束缚的大象一样，它渴望变化的愿望常常被不可克服的强大力量阻挠。当人类的心理被阻止向它想改变的方向发展的时候，它就会抗议。第一重抗议往往发生在夜晚，在我们的睡梦中。我们睡梦中的大脑，非常希望让我们知道什么变化正试图展开，以及又是什么障碍物在妨碍其发展。

许多梦既有动态元素也有停滞元素。它们所叙述的故事中，总有什么正开始发生，但都由于某种原因无法如期发展。这些梦告诉我们心理的动态努力部分已经忙碌起来，但却遇到了路障。它们正试图用力推倒障碍，来铺开什么。理想情况是，你能够辨认出，然后区分开这两条线。一般来说，梦的动态部分并不需要对其采取任何干预。它们已经发生了，只是需要被辨认、支持和鼓励。而停滞部分的确需要干预。它们在我们采取特定行动之前，往往会保持停滞状态。

安吉拉是一名38岁的女性，脑肿瘤以及随后的手术治疗给她造成了严重的神经损伤。安吉拉把这个梦叫作“坐过山车”：

我设计了一款过山车，然后坐了上去。我以极快的速度冲了出去，然后轨道就终止了！过山车的设计就是这样的。计划是，我要在一个装满树和其他东西的大盒子里软着陆，但当我脱离轨道，飘在空中的时候，我不停地问：“我要怎么在盒子里着陆？整个过程是如何控制的？该如何成功着陆？”在我着陆之前，我就醒了。

解这个梦的时候，我们都不知道到底过山车指的是什么，但有一件事是清楚的——安吉拉不喜欢被突然抛在半空中，看不到着陆点的感觉。这一点非常动态，甚至或许有点太过于动态了！现在她自己就被置于半空中，她突然发现自己正与停滞点正面相对——她竟然不知道应该如何着陆！因为她睡梦中的大脑并不能对这个停滞点有任何办法，所以她只能醒过来。

我们都认为我们需要某个新的可能性，并将其带入这个场景。因此，我向安吉拉建议重入梦境，去探索一些好的着陆可能。她回到了梦中，重新体验轨道突然中断，并被抛在半空中的感觉。这时，她感受到了梦中的自己，并且制造了一些在自己脚下的轨道，而不是一味恐慌和惊醒。轨道正向地面延伸……往下……往下……成功安全着陆了！安吉拉同意回去后多练习几次这一片段。到这次咨询结束的时候，我和安吉拉都觉得我们做了一些很好且重要的工作。但我们仍然不知道过山车在她的非睡眠状态中指代什么。我们所知道的就是她想要有个着陆计划。几天以后，我收到了安吉拉给我发来的电子邮件，邮件如下：

我弄明白自己的过山车梦了！今天我正要午睡的时候，就在回味那种来到轨道尽头、感到困惑和不知道在轨道结尾的地方会发生什么的感觉。这和我试着跑步时头脑中的感觉一模一样。我跑几步，然后我的大脑就关停了。很难描述，但我的大脑就是不能告诉我的腿下一步该做什么。我想是因为做了那个手术，我的大脑需要产生新的神经通路，就好像它们没有连接在一起一样，我不知道怎么跑步。我开始想象延伸轨道，轨道没有下行，而是又直又长。我已经能够当场跑 25 秒左右了，所以今天我开始现场慢跑，然后我就告诉自己开跑——我做到了！我跑得很慢，但是方向是完全正确的！就像感觉自己铺了一块儿过山车轨道在下面，并希望它能够越变越长一样！我高兴极了！

在这个案例中，看起来安吉拉的梦为想象打好了基础，而想象又反过来为在她运动皮质中发生的非常集中和异常重要的神经重塑事件创造了条件。现在她正铺设使其能够跑步的神经回路，也是就在 5 年前的肿瘤手术治疗中失去的脑回路功能。

有趣的是，大约在同一时期，安吉拉做了另外两个梦，在梦中她能跑步了。是她的睡梦中的大脑正试图提醒她跑步是什么样的吗？是否正告诉她，她的身体对跑步的记忆仍然存在于自己体内，只是需要在大脑中关键的运动区域铺设一些连接起来的线路？

我惊异于她的造梦器精制出来的梦主题的精确性和创造力。它提出了这样一个问题：当你正在轨道上行进，突然轨道就没有了，而你又希望轨道能往期望的终点方向继续延伸，你会怎么办？对于安吉拉来说，至少答案是这样的：你必须铺设一些新的轨道，带你到想去的地方。这就是神经重塑在起作用！

这个故事还有另一条宝贵的经验，提醒我们：我们不需要等到知道了梦中的中心意象所指的是什么，才开始从想象层面解这个梦。

对于这个显著异常的梦，我想说的最后一点就是：这个梦凸显了两个伟大的想象领域的结合，视觉和动觉（身体、位置和运动意识的领域）。安吉拉是以视觉化想象延伸轨道开始的。这一想象似乎直接和动觉领域连接起来，借着这种方式，她能够看见自己移动双腿，就好像在跑步一样。这又反过来帮她在自己身体上切实开展，进行这些相同的跑步动作。所有这一切都包含在这一新颖的梦主题的智慧中：过山车将她置于半空中。这一主题既是视觉的，又是动觉的。我怀疑有些人的身体对此的感受，要比眼所见之时的感受更强烈，而其他人可能相反。不管何种情况，梦都在请求在这两个领域相遇和交界的地方采取一些重要措施。

来看看这个例子，在这个梦里，停滞的元素在开始的地方出现了，但在快结束的时候让位给了一些非常动态的东西。

卡洛，40岁，男性，带来了一个名为“变色龙礼宾和美妙的礼物房”的梦：

我在一家旅馆里走来走去，想找到自己的房间。手里本来握着房卡，可是找不到了。搜寻无果，我回到了大厅。一个礼宾见我一脸愁容，就走了过来。“先生，需要什么帮助吗？”我回答：“是这样的。我找不到自己的房间了。”我给了他房门的钥匙。他说“请稍等”，然后就走开了。他给人的印象就是他洞悉旅馆里发生的一切，他部分是小精灵，部分是变色龙，部分是礼宾。几分钟以后，他回来了，护送我到电梯并说“请跟我来”。出电梯之后，我看到了一个五颜六色的、装饰精美的门，半开着。我走了进去。屋子里堆着两座礼物堆起来的岛，很高，一座压在另一座上面。礼宾说：“非常抱歉给您造成不便……这些礼物是为您准备的。”我很荣幸能够住进这么宽敞奢华的套间里，四周的玻璃窗户彼此相邻，高高的天花板，华丽的家具。我向礼宾点头致意，接受了这些礼物。

我和卡洛都注意到，停滞（他没法找到自己的房间）发生在最开头，然而结局却非常动态且极为正面。这是更常见的“动态－卡滞模式”的倒转模式。这通常意味着，在为时甚久的停滞方面，做梦人最近已经取得了一些进展，并且造梦器正预示进步的到来。

卡洛梦中的礼宾看似某种向导，但它到底指的是内在向导（用荣格术语来说，可以叫作普绪科蓬波斯①）还是外在向导呢？卡洛觉得是内在向导。他还意识到，他最近和自己的内在指引脱节了，正沉浸在一段非常忙碌且专注于外在的时期，相对来说，内在处于休眠状态，他没有把它找出来，寻求其帮助。

这个梦表明，卡洛确实握着美妙礼物屋的钥匙，但是他必须寻求内在帮助才能找到这个房间。我俩都对这一连接产生了共鸣。现在，我们制定出了一个回应：做出改变，在创造力、冥想和内心工作方面投入更多时间和精力。对这样一个梦，让做梦人意识到这些礼物指的是什么非常重要，这样他才能完全接受、欣赏和使用它们。在这个梦中，卡洛将礼物和自己在疗愈实践中正发展出来的技巧联系起来了。

① 赫尔墨斯的祭祀别名之一，因他负责把死人的灵魂带到冥国，或者灵魂向导。

贴士：请注意动态部分和停滞部分哪个在前面

作为一般规则，如果梦在开始的时候呈现了动态主题，但随后因一些卡滞的东西放慢了速度或停了下来，这意味着一个动态变化正试图在你的心里产生，但是不能，因为它被什么东西控制住了。如果相反的情况是真的——在梦中，卡滞主题之后不久是动态运动——这表示，相对于长期的卡滞状态而言，最近你感受到了某种变化。你的造梦器正呼吁你关注这一变化，以此来辨认和鼓励其发展，这就是典型的“积极反馈”模式，我们后面还会讨论这一主题。

梦的重复性

梦正指向一些停滞的东西的最重要迹象之一就是重复。梦的重复有两种情况：其一，为了让我们理解一些信息而重复，这是功能性重复；其二，梦的重复只是因为一个旧的、现在冗余的神经领域把它们制造出来了而已，这是功能失调性重复。我们通常要对此进行重要的区分，因为它将决定进行何种类型的解梦工作，以及选择何种类型的回应方式。

比如说，如果你反复觉得自己没有为考试做好准备，这可能意味着，在你当前的生活中存在一种情况，这种情况正在考验你（或者将要考验你），而你恢复到了原先那种没有充分准备的旧模式。这本质上是一个自我检查主题（给梦自我行动和行为方面的反馈，这些行动和行为可以被改变而变得更好），我们应该解决它们，并照此做出回应。

然而，更普遍的是，这种反复梦见没有为考试做好准备的梦意味着，存在一种旧的、功能失调的、焦躁的毫无准备之感，这种感觉是我们孩童时的求学经验中遗留下来的，它对你没有任何帮助，而所做出的回应应该旨在削弱这一旧的场效应。

贴士：问问自己，这个梦不断重复有什么价值吗

当我在解一个重复出现的梦时，我会问这个问题："这个梦境一再发生，有什么可想而知的好理由吗？"你可以用这个方法试试你自己的重复性梦境。如果你想不出来什么好理由，你可能正处理的是这样的一个梦主题：这个梦主题来源于旧且多余的神经领域（第 14 章中，西蒙娜的"找不到我儿子了"的梦，就是一个很好的例子）。但是，如果能想出理由，那可能是造梦器向你一再发送的紧急沟通，因为梦的信息并未被接受和理解（这种重复往往见于影子主题、个人精神主题和自我检查主题）。

让我用迷宫打个比方，这样可以把停滞的本质说得更清楚些。你可能确切地知道你想要去哪里，但迷宫决定了你的行动路径。这是我们人类常常遭遇的困境——明明知道想做出什么改变，但不知为何就是无法做到。相反，我们发现自己在同一个重复的循环中转了一圈儿又一圈儿，就像卡在凹槽里可以转动的针头一样。这就是要改变旧的行为、习惯和嗜好并不那么容易的原因。我们都有习以为常的行为和观念路径，一旦形成，就会被一再使用，并且变得越来越根深蒂固。某种程度上来说，这些路径已经在我们的大脑中固化成神经网络。要改变一个根基稳固的神经网络并非易事。这些场效应每晚会象征性地出现在我们的梦里，我们要做的就是密切留意它们。

下一次，如果别人告诉了你一个有趣的梦，你可以往后退一点。首先问你自己“这个梦里正要发生什么”，然后再问“为什么不能发生”。这往往会给你足够的定位，让你可以继续进行一些有效的促进工作。

通过身体进行定位

有一些梦似乎要把注意力拉到做梦人的身体或身体的一部分上来。对于这样的梦，最好的定位往往是通过身体——运动、手势、姿势、舞蹈、声音的使用、一些身体的东西来实现的。大部分的解梦工作都是通过使用我们的大脑，坐着完成的，但是有些梦却督促我们从椅子上站起来，停止说话，让身体来引路。

其中一些这样的梦可能是早期的健康警示——它们可能把焦点放在身体的特定区域，这一区域正经历某种麻烦，保有太多紧张情绪，或包含某种疾病的早期表现。你往往完全不知道身体的那部分正发生的变化，而梦正试图提醒你。很多时候，身体 / 物体的某一部分因为某种原因被注意到：它的大小不合理，旧了或者碎了，往往是有色的，受伤的，明显的缺失，以特定方式移动，异常热或冷，充满能量，处于痛苦中，腐烂，下垂，奇怪，夸张，等等。不管是何种方式，这些迹象都表明一个部分正设法把注意力吸引到自己身上来。

你身体的问题是以何种方式在梦中出现的？

请留意所有这些造梦器借用和使用的元素，它们的出现可能正隐喻你的身体或身体的一部分：房子或其他建筑物、车辆、船只或某种容器、工具或仪器、另一个人的身体、动物的身体、一个像身体一样的物体、一株植物或树木。

如果你怀疑你的梦可能正把注意力放到你身体正发生的变化上，你需要分辨这种所指是身体的、功能性的还是比喻性的。比如，如果你梦到了你的脚有问题，这个梦可能正指出以下的任何一种可能：

◎ 身体的：你的实际生活中的物理意义上的脚出现了问题——一个仍未愈合的旧伤、身体的记忆、疾病过程的开始、血液循环不良、真菌感染、骨密度损失，等等。

◎ 功能的：指的是某一只脚的功能/角色/目的有关的问题——平衡问题、缺少支持、接地问题、缺少运动、走路走得不够多、想踢某人，等等。

◎ 比喻的：脚在这里是以比喻的形式出现的，而不是身体的脚或功能性的脚；在此我们必须注意文字游戏，双关和双重含义——你需要选择立场（stand），你对某事变得冷淡了（cold feet），你有一个灵魂层面的问题(soul/sole)，你不脚踏实地(feet)，你需要疗愈(healing/heeling)，你真的说走嘴了（put your foot in it），等等。

以上这些，特别是头两种，最好的定位方式可能就是通过和你的物理意义上的身体直接合作。

通过身体解梦的一些建议：

◎ 一旦你认为有一个身体焦点，那就去感应身体的那个部分。你在那里感受到了什么？有什么感觉吗？你身体的那部分是否想要你做什么？

◎ 对身体的那部分你做何联想？那部分出现过什么问题吗？受过伤吗？

◎ 使用“成为部分”的技巧（“成为你的脚”……“成为生锈的旧车”……“成为漏水的屋顶”）。

◎ 使用夸张：如果在梦中出现了一个手势、动作或姿势，以夸张的方式来重复做，反复做。要是你正帮别人解梦，你最好和他一起来做。假如这个梦包含了一种微妙的感受或感觉，想象那种感觉非常强烈——使它比在梦中的时候更热烈。

◎ 你是否在身体的特定部分保有一种特别的情绪或情感？如果是的话，试着用文字或动作将其带出来。如果你疼痛的大拇指可以说话的话，它会想说什么？如果你无法用文字表达，就试试动作、手势或姿势。

◎ 如果你无法做出直接的字面连接，那么可能这个连接是建立在那个身体部分的角色上的，是功能性的。你身体的那部分应该做什么？它的职责是什么？

◎ 涉及身体那部分的一些比喻是什么？如果在解梦过程中想到了一个比喻或双关，那就向做梦人提议："你认为这有没有可能指的是肩负压力？"要准备好放弃这种可能性，如果它并不能很好地解释这个梦或者不能产生共鸣。

这一步的目标是和在你（或做梦人）身体那部分正发生的一些相关的东西取得连接。一旦取得连接，你的目标就达成了。那么，就可以坐下来，继续进行下一步。

这里有个梦例，看起来非常切合这种身体方法。

娜奥米是一名43岁的女性，她正经受令人非常沮丧的身体活力状况。她感受到了要活跃起来、让身体动起来的冲动，但每当进行任何剧烈运动之时，她都有受伤的倾向，也就是使还没有完全愈合的旧伤部位复伤。这些伤不仅令人痛苦，还让人异常沮丧，让她无法充满活力地生活。娜奥米做了下面这个梦，她将其命名为"被大猩猩捞了起来"：

我和一群人在泳池里。楼上有只大猩猩，正站在有机玻璃屏障后面，它正试图抓住我。它猛拍玻璃屏，看起来非常生气。不知道是冲破了玻璃屏，还是通过什么其他方式出来了。总之，它就下楼来抓我了。当时我正在池子里，蜷曲着身体像个胎儿一样，我想其他人也是这个姿势。我知道它正在找我。我害怕极了……我不知道它是不是发现了我，但是我能看到它在我身后，把我捞了起来，双手放在我胸口，把我抱了起来。

这个梦身体方面的特质表明，某种基于身体的解梦方法非常适合用来解这个梦。它描述了一个充满活力和运动潜力的动物（大猩猩），以及两个值得注意的姿势（在水池中的胎儿姿势，和被大猩猩捞起的动作）。因此，娜奥米决定通过小组咨询来解这个梦。咨询开始时，娜奥米立马开始感应到大猩猩在梦中的感受，她体会到了它被关在玻璃屏后面的愤怒和沮丧，以及它想要去池子里找她的极度渴望。在对大猩猩感同身受的时候，她感受到了体内一股强大的投掷运动，就好像是她要把藏着的女的找出来，把她从水里捞出来一样。娜奥米在自己的笔记中这样写道：

我就是那只大猩猩，孤立，被阻，受困，我的体能天资都被禁锢了。我不能和全世界一起参加他们的身体之旅。似乎要成为自己，我必须承受痛苦。冲破玻璃意即受伤。我想找到她——她现在能给我所需要的。我要将她据为己有。我要与她合二为一。她要让我把她带走。我们必须融合。

这种强烈的和大猩猩的等同感使娜奥米意识到，它就是她的一部分，即一个影子部分，这部分正容纳了她沮丧的身体能量。大猩猩展示了典型的影子特质——想要被放进来。

总结

定位是解梦的核心。当你解梦的时候，你就会知道自己什么时候定位准确，什么时候没有定位好。如果不能的话，不要慌张。本章为你提供了七种不同的指南针，其中任何一种都能给你方向感。如果你试了几种，仍然觉得没有取得连接，可以试试下一章将要讨论的连接设置。

第13章

将梦和生活连接起来

本书讲述的这个解梦方法，首要目标就是帮助你理解你的梦是如何与生活联系在一起的。连接是一个“啊哈”现象，很难用语言描述，但在实践中发生的时候往往准确无误。所谓“啊哈”，也就是你真正理解了信息的时刻，你知道你的梦要表达什么。往往在澄清或定位阶段，共鸣连接就会自然而然地发生。

如果它没有自主发生怎么办？如果你在帮别人解梦，你能感受到连接，但是做梦人不能呢？此时，用某种设置激发感悟往往非常有用。这些设置可以称作连接催化剂，能够帮助做梦人体验那样的“啊哈”时刻。这一点很重要，因为你自己到达某种领悟的经历比别人告诉你这一相同的领悟更有用。

定位和连接的区别

定位和连接往往会重合。在定位阶段，做梦人和解梦师都仍未能理解梦是如何连接的；双方都仍在努力取得定位。解梦师需要通过问特定的问题来引导这个过程，这些问题旨在迅速聚焦定位点。在这个过程的某个点，解梦师可能感觉到自己对梦连接的地方有预感。现在是时候换挡，将重点放在连接上了。

下面这个例子能让我们明白澄清、定位和连接之间的区别。

道格拉斯，一名 56 岁的男性，有成人多动症，主要表现为注意力不集中。他做了一个美妙的梦，我们将其称为“把一只章鱼塞进麻袋里”：

我在一个室内泳池里。水深大概三四英尺，里面有只章鱼。我想做些有关它的研究，但又不是特别清楚我要做什么。我不大了解如何处理章鱼，有种别人已经给了我一些指导的感觉，但是还不足以让我特别了解自己正在做的事情。这章鱼可能有点危险——它会用吸盘来吸我吗？有那么一刻，我试图把它塞进一个麻袋里。那太可怕了。我正努力把它塞进袋子里，这样我就可以牢牢控制它了，但我不知道它会做何反应。我觉得不舒服，感觉自己没有得到足够的指示。后来，我就醒了。

如果问道格拉斯他是否真的和章鱼一起在水里，我们就是在澄清事实。

如果问他对章鱼的联想是什么，我们又一次在说明事实。

如果问他努力把章鱼塞进麻袋的时候做何感想，我们仍然在处理事实细节。如果问道格拉斯他认为章鱼是内在的（他正努力去理解和处理的一些他自身的东西）还是外在的（他正与之斗争的某人或某事），我们就是在定位（通过“内在 / 外在”）。

如果问道格拉斯他把章鱼塞进麻袋是好事还是坏事（他应该努力这么做吗，还是应该停止这一行为），我们仍然是在定位（通过“好事 / 坏事”）。

如果让他扮演章鱼，去更多地了解它可能代表的东西，我们仍旧在定位（通过“成为那个部分”）。

但是，如果在做了上述一项或多项工作之后，我们强烈认为，梦中的章鱼代表道格拉斯的多动症问题，也就是他正非常努力去理解、控制和遏制的东西，那么我们就是在尝试做出连接。如果你感觉是时候尝试这个连接了，你可以这么说："在这个梦里，你正和一些你无法控制的东西斗争。你觉得不舒服，感觉自己需要更多的指导。在生活中的什么方面，你会有这些感觉呢？"你所使用的是一个精心选择的构想，希望道格拉斯能够在自己的意识中自主构筑这个连接。如果他可以的话，那么这种做法会比直接给他这个建议更有用："你是否认为章鱼可能是你多动症问题的反映？"

如果道格拉斯不能马上做出连接，重申那些关键的感觉词语可能会有所帮助："挣扎，无法控制，不舒服，需要更多指引……"通常，如果一个人让自己的词语这样反射回来，他往往能够抓住那个连接。

我们如何知道连接是否准确

还记得我们在第 5 章讨论过的"双共振"测试吗？当你给别人解梦的时候，你提议的连接必须通过这个测试，也就是说，你和做梦人都需要产生共鸣，都觉得这个连接是正确的。如果做梦人做出了你早就预想到的相同的连接，那么很可能你已经达成了目标。为了进一步确认，你可以问一些双重共鸣问题，比如说"那看起来合理吗"，或者"那是连接点吗"又或者"那看起来是否正确"。如果做梦人做出的连接在你的预料之外，那么你必须再一次启用"双共振"测试。假如你们双方都认为这是一个共鸣连接，那么就成功了。

现在你还必须决定你是否想要把自己原先认为的连接告诉做梦人，去看看这种可能是否也可以产生双重共鸣。如果你对做梦人提出的连接无法共鸣，那就应该把自己的看法讲出来让做梦人考虑。通常情况下，可以使用这样的短语："很好，那是一种连接的可能性。此外，你觉得 XYZ 有可能吗？”在有些情况下，提出了多个可能的连接，它们看起来都有某种程度的共鸣，那么就挑出那个最有力量的，集中解那一个。

贴士：

在解你自己的梦时，情感负荷是最可靠的迹象，表明你已经建立了良好的连接。如果你正独自一人解自己的梦，就无法进行这个“双共振”测试，这会让你更难确信自己取得的连接是否正确。能得到另一个人的反馈是和别人一起解梦的最大优势之一，但是我们并不总是能够享受这种便利。

我们太容易自我欺骗，轻信一个有关我们的梦可能正告诉我们什么的说法。如果我获取了一个梦的领悟，而这个领悟看起来完全是精神层面的，我往往不会相信它。如果领悟不是随着自发的情感负荷产生的，我会怀疑，我的心理正告诉我一些舒适的不具威胁性的东西，这些可能是我已知的有关自己的东西。但是，如果根据以往的经验，我知道自己有了情感负荷方面的反应，那么很可能这个连接就是准确的。这种情绪往往是负面的——如果我的领悟令我因羞愧而畏缩、尴尬、自我厌恶、对自己感到愤怒或者沮丧，我就知道我很可能在正确的轨道上！

那更积极的情绪呢？惊奇、敬畏和惊叹感往往伴随鼓舞人心的接触主题、重生主题、自我发现主题和积极反馈主题，而这种情感往往不需要梦醒领悟或连接来催化它们。因为这些强大的积极情绪在梦境中产生，并且不管做梦人是否知道它们和什么连接，都会继续弥漫于梦醒后对梦的记忆中。这种对梦的情绪 / 情感层面的体验对解梦过程至关重要，不仅因为它可以将我们引往一个合理的连接，还因为它可以用来衡量我们正做出的任何潜在连接的准确性。

对于做梦人而言，建立连接有很多可能的方法。共同的元素就是它们都涉及先把焦点聚焦在梦中的某一元素上，然后询问做梦人，那一元素可能存在于他生活中的哪个方面。让我们通过梦例来看一看这一技巧的三个不同版本。

通过强调和提问连接

这一技巧有三个基本步骤：

1. 提取梦中吸引你注意的一个关键特征；
2. 通过告诉做梦人来凸显这一特征，最好用短句；
3. 询问做梦人，它可能存在于他生活中的哪一处。

因为这个技巧本质上非常简单、直接。这种方法的变体是很多解梦风格的核心，即它是以客户为中心的，而不是解释性或分析性的。

罗伯特正经历一场关系危机。他做这个名为“小矮人的门”的梦时 44 岁。多年来，他和他的女友都宣称他们不想要孩子，但最近他女友的看法开始发生变化，觉得她确实还是想成为一名母亲。罗伯特仍然觉得要孩子打乱了他的生活计划，但现在他发现自己在考虑这个可能性的时候，有了一种新的紧迫感：

我在一所平房式的屋子里，房子的主人也在。他咨询我有没有可能给屋子多加一扇小门。他说，这是给小矮人的独立专用门，但是小孩子和动物们也可以用。但是，我们遇到了问题，找不到装门的地方。因为不管装在哪里都会造成结构性破坏，比如打穿主支撑梁。而有些地方的水泥基底太硬，凿岩锤根本凿不穿。我们继续寻找装门的地方。不一会儿，房主就厌倦了，说道：“算了，别找了。可能这没那么重要。”

但是，我还想继续找。最后，我找到了一个合适的地方。他已经不感兴趣了，但我鼓励他坚持下去。我不记得我们有没有真的装门。如果有的话，我感觉是可行的，但不完美，有的时候太高，有的时候太矮……终于装好了。现在，终于有地方给小矮人进出了。

作为他的解梦师，我怀疑给小矮人装门在某种程度上代表罗伯特态度的变化：以前拒绝的东西，现在持开放态度了。于是，我问："这个梦说明，最近你给小人儿们凿了个地方让他们进来。这在你的生活中以某种方式发生了吗？"通过这一设置，罗伯特马上感受到了对要孩子的开放态度的强烈共鸣连接。事实上，他的态度也正发生改变，从开始的坚决不要孩子到后来明确这是一种可能性。

这个梦例是自我发现主题，它会告诉做梦人一些潜意识中悄然发生的重要变化。此类梦往往涉及发现一所房子新的或者以前并不知道的部分。同时，这个梦也是在第12章中讨论过的动态/停滞模式很明显的例子。在"小矮人的门"这个梦里，梦自我（梦中的罗伯特）携带想要改变的动态能量，他确信小矮人的门最终会装好。停滞的部分是由房屋的主人扮演的，他厌倦了，很轻易地就放弃了整个计划。这对罗伯特来说是非常重要的信息——他可以预见，自己的一部分的确会对为人父母的想法持非常渴望的态度，但渴望的部分很容易被另一部分掩盖，这另一部分在新举措遇到困难的时候很容易就偃旗息鼓。

这是另一个使用连接设置的例子。克里斯蒂，29岁，10年前做了一个名为"冰箱里的婴儿"的梦，她对这个梦的印象如此之深，以至于很多年以后仍清晰地记得。

我在一座老屋里，灰白色的，非常破旧，我能看到一间屋子里有张翻倒的沙发。一个小孩儿走过来，牵住了我的手。他/她把我往楼下的地下室引。我看到一个冰箱，走了过去，打开了冰箱门。开门的时候，一阵霜冻的雾气和蓝光从冰箱里冒出来。我倒吸了一口气——冰箱里有冰冻的婴儿！突然，我又回到了楼上。

作为她的解梦师，我感觉冰冻的婴儿是这个梦里最关键的要素，所以在尝试引发她建立连接的时候，想把焦点集中在他身上。克里斯蒂对此有些抗拒，她想把焦点移到梦的其他部分，但我不同意。我把关注点带回到婴儿身上："这个梦好像在说，一些非常年轻但很重要的东西被冻结了很长时间。这是如何反映在你身上的呢？"在这个问题设置的激发下，她马上能够做出共鸣且极具情感负荷的连接："是我的音乐。它对我如此重要，但我却放弃了，把它尘封冻结了。"

迷失、被遗弃或受创伤的婴儿/孩子是梦中常见的主题，我将这些称为个人精神主题。其重要性几乎总是胜过梦中的所有其他元素，因为它正指向心灵最深处的一处伤口，这个伤口亟须关注。克里斯蒂的这个梦正强调，她的灵魂和精神"必须"歌唱，她不能让自己的这部分成为不被允许活过来的冻结潜能。

贴士：问的问题要简短，并尽量使用做梦人的原词

当你在使用"强调和提问"技巧激发做梦人时，词语的选择非常关键。尽量接近做梦人实际使用的词语，也要试着确保你使用的句子是短句，如果问题太长的话，在你还没问完的时候，做梦人可能就已经忘记开头了。

通过感情基调连接

简单来说，感情基调就是梦自我在梦中体验到的感觉。在本章开头的梦例“把一只章鱼塞进麻袋里”中，梦自我觉得，在他努力把章鱼塞进麻袋的时候，“挣扎、无法控制、不舒服，以及需要更多的指引”。这些是梦的感情基调。在正在做梦的过程中，感情基调可能会随之改变；作为解梦师，你应该把焦点集中在梦中带有最强烈和最清晰的感情基调的部分。

解梦经常遇到的问题是，没有很好地捕捉到感情基调。因此，等到客户在咨询中描述梦境的时候，他们已经无法清楚地记得感情基调是什么了。这就是为什么训练自己关注梦中的感觉并养成回忆和记录它们的习惯，是如此重要。

如果你正帮人解梦，并感觉一个连接点就在附近，你可以遵照以下基本步骤：

1. 辨认出梦中有强烈、清晰感情基调的部分；
2. 只提取感觉词语和短语（使用一到四个感觉词语或短语）；
3. 使用以下问题结构，向做梦人重申这些词语或短语：“在梦中，你感到：A, B, 和 C……你在生活中的什么地方有这些感觉？”

如果你正解自己的梦，请使用完全相同的方法，轮流扮演两个角色——作为解梦师，你发起问题；作为做梦人，你试着回答这个问题。

42 岁的汉娜正试图做一个分手后的重大生活决定，她正考虑是否应该搬到西海岸去生活。在无法下定决心的时候，汉娜做了这样一个梦，她称为“进入隧道”：

我需要到车库去取车，然后就看到一大摊水，有点像喷泉，但不过是脏水罢了。所以，我蹚了过去，然后走到了边缘，边缘有这样一条通往山上的水泥隧道。要通过这条隧道，你必须把鼻子挤进一个黑色的橡胶做的东西，然后蠕动身体往上走，通过这条小管子。那里也有其他人，大家似乎都做得挺好的。就是我太害怕不敢做……就好像如果我进入隧道的话，就会卡在里面一样……你怎么呼吸？手应该放在哪里？隧道看起来太小了，把手放进去根本就无法通过。然后，就来了另一个女的，开始进入隧道……她把手臂伸出来环抱自己，我觉得这个比较容易做到。因此，我想也许我也可以那样做。但是，她把手臂往上，放在了管子上。如果我这么做的话，手臂会被卡住，然后我就会卡在隧道里。所以，我问如果我用第一种看起来更自如的方式进入隧道的话，要是我停止呼吸了，你们能把我弄出来吗？他们说不能。所以，我就坐在那想“好吧，我做不来”。

解梦师：所以在梦里，你对别人都能做的事情感到很害怕，害怕自己会卡在里面。你能把这一点和生活中的什么联系起来呢？

汉娜：生活中正处处卡壳。现在，我自己陷入了分手的巨大痛苦中。我被困住了，真的被困在了里面，这种感觉重重地压在我身上。我被卡住了，不知道自己在生活中想干什么，想去那里，应该在哪里生活，我是不是该搬走，我是谁。

这就是一个共鸣连接点——这个梦描述了汉娜对于进入未知的恐惧。她的造梦器似乎正指出：她不需要那么害怕，其他人都能很容易地通过隧道，你也可以的，你不会被卡住。为什么她不能呢？作为她的解梦师，我想知道为什么汉娜的恐惧如此强烈，有一种生死攸关的紧迫感。其次，这个梦还包含一些具体的意向，让我怀疑这是对她出生模式的复现，窒息的恐惧，害怕被卡在一种特定的姿势中，需要外来帮助搭救她——所有这些都强烈暗示一种过渡到产道的令人麻痹的恐惧。

为了进一步探索这一点，我问她：如果你想象自己进入隧道，感觉是什么？

她回答："很黑，很窄。我觉得我会惊慌失措，无法呼吸，没法一路通过去。然后，这种恐慌会让我呼吸更加困难，甚至让我的呼吸停止。"

看来，在汉娜的感觉身体里，她把改变和过渡等同于窒息和可能死亡。这会让她很难做出任何重大的生活改变，比如说她正面临的是否搬到西海岸去的问题。这是否是她实际的出生模式的重现，我们无法确切知道，也无从证实。但是，在她的案例中，我建议可以考虑两者存在连接的可能。汉娜的好奇心被激发了，她决定去查一查她的医院出生记录，而她的记录表明，医生曾使用产钳改变她的胎位，以顺利进入产道。

这种理解梦的方式令汉娜有了某种奇怪的领悟——一定有一个深刻的无意识的原因，使她在来到任何重大改变的边缘时，形成了这种伴随终身的变得麻痹的模式。我们一起制定出了对这个梦的回应；她将使用自己的创造性想象力来想象以下场景：她来到隧道前，鼓起勇气，以自己觉得最好的姿势进入隧道，想象在隧道中穿行，没有被卡住，最终安全地从另一头出来了。这一步帮助她得出了面对主要生活转型时可以使用的新模板。

在我的经验中，梦常常会将光亮投射到完全无意识模式上，这些模式可以帮助我们理解莫名的心理阻滞、习惯、冲动和难以应付的停滞。我怀疑由极早期的强烈的经历造成的出生模式，构成了我们无意识心理 - 身体模式形成的非常重要的部分。很多梦似乎都起源于并且揭露了这一层面的人类经验。在第 24 章的"重塑自我主题"中，我们将更详尽地讨论这一点。

贴士：需要好笔头或者好记性

当你通过感情基调建立连接时，如果能挑出两到四个做梦人刚刚在描述她的梦时用到的感觉词语，你将获得最好的结果。使用她的词语，而不要用你自己对她所说的话的近义转述。因此，你可能需要把这些词写下来，除非你相信自己可以准确地把它们记在脑子里。在我的实践中，我会逐字逐句记下大部分对梦的描述。就算我提前拿到了书面副本，还是会记录下做梦人在重入梦境和叙述梦的时候使用的词语和短语。为了达到建立连接的目的，如果文本中的词语和他们最近使用过的词语不一样的话，后者是更好的选择。如果他们在咨询中重述梦境时遗漏了一个包含在书面副本中的关键情感词，我就会提醒他们这个词，确保这个词仍然适用，并把它带回组合中。在这个设置中你选择的词语应该仍然在空中回响和回荡。

通过识别修辞进行连接

梦经常会使用一个具体的修辞、惯用表达、双关或俏皮话。快速连接梦的含义最直接的方式之一就是识别梦正使用的修辞。在第3章中，我们已经研究过了一些这种基于语言的元素在梦中是如何被使用的。

多年来，我了解到，造梦器在传递信息方面会使用任何可能的手段。实际上，这些文字游戏在解梦工作中出现的频率如此之高，以至于它提出了这个老生常谈的问题：我们之所以会在做梦的时候使用修辞手法，是因为我们的语言中存在这些修辞，还是它们之所以存在于我们的语言中，是因为我们的睡梦中的大脑就是这样运作的？我怀疑两者都有一点。

我们来看一个梦例，做梦人是一位名为盖尔的女性，61岁，她把这个梦命名为“汤匙想出来”：

在梦里，我看到了自己，但同时我也是那个我看到的人。一把汤匙卡在我胸口里。然后，我感觉它正努力出来。我能看到勺子的轮廓，它正拉扯着我后背的皮肤。它试着出来，使劲想要从皮肉里钻出来。结果就是，它出来了。出来了两把银汤匙，一把的手柄比另一把要长一些。

在咨询之前，盖尔就已经想到了梦可能正使用“含着金汤匙出生”这个习语，意即出生于富裕家庭。事实上，她确实出生于富裕家庭，她常常在想，是不是她的家庭背景以某种不知名的方式妨碍她找到自给自足的自立之路。我们在讨论这个梦的时候，都觉得她的理解能够产生共鸣、是正确的，银汤匙指的就是盖尔的贵族教养。此外，还有一件非常积极的事：现在，汤匙正离开她的身体。把汤匙排出来就是内向投射主题的典型特征，这一主题描述的是我们的心理正清除一套在童年时代就灌输给我们的观念和看法。盖尔同意，她的父母可能不经意或不自觉地让她相信：她不用像大多数人一样遭受匮乏和苦难，因为他们会一直支持她，让她衣食无忧。这一观念系统在她体内存在了好多年，但现在她正试图将其清理出去，这是一个非常积极的心理发展。

盖尔一辨认出梦的中心隐喻，梦要传递的信息就开始自动展开了。如果在帮别人解梦的时候，你发现了文字游戏，但是做梦人还没觉察到，那么你应该把注意力引导到这一点上来。这里有一些我用来建立可能连接的短语，以“汤匙想出来”这个梦为例：

◎ 你有没有发现梦中的比喻或双关？

◎ 这个梦描述了两把银汤匙，这是否可能是个双关？

◎ 你会把“银汤匙”和什么联系起来？

必须使用某种版本的“双共振”测试，来评估你辨认出来的隐喻是否真的是理解梦的含义的关键。当我们静心去感应的时候，会发现我们的语言使用了如此多的惯常用法，到处都能看到它们的身影。如果你指出了一个隐喻，而做梦人对此无法共鸣，或者最终进入了死胡同，那就放弃这个，继续使用另一个连接策略。

总结

当然，要帮助自己或别人取得和梦的共鸣连接有无数种方法。通常随着解梦过程的推进，“啊哈”连接点会自动发生，但往往也不会。当出现这种需要正式策略帮助的情况时，确保自己能随时拿出和使用这些方法。如果在尝试了定位和连接之后，仍然觉得这个梦是个谜，别担心，有些梦就是会比其他梦需要更多时间去展示它们蕴含的宝藏。暂时把它放一放，你可以在稍晚些时候随时回来。你仍可以对梦做出回应，但这仅仅是个“连接前回应”，旨在保持梦意象在你脑海中的活跃性，以期能在将来取得领悟和连接。在大多数情况下，努力都会得到回报，能取得有关梦是如何与你的生活连接的满意领悟。如果是这样的话，你就做好了继续进行第五步，也就是本方法的最后一步：对你的梦做出回应的准备。

第14章

对梦做出回应

如果你的梦是一则信息，那么这则信息的目的是什么？为什么某人或某事要费这个心把它传给你？它们想从你这里得到什么？这些问题带我们超越了理解梦的领域，进入对梦做出回应这一步。回应可以是任何事——任何由梦中获取的领悟发起的、你真正决定去做的事。最常见的回应类型就是：在理解了梦的信息之后，决心去改变你的行为或态度，但是也存在很多其他可能。

自我和造梦器之间的对话

回应梦对沟通意识和潜意识的通道来说，是一种强大的刺激。造梦器会对回应做出积极的响应。如果做梦人培养出了回应梦的习惯，造梦器将会予以回报，强大的沟通循环将很快投入运作：

◎ 造梦器造一个梦。（“我正向你发送信息”）

◎ 我捕捉和锚定梦。（“我收到了你的信息”）

◎ 我将梦与他的生活联系起来。（“我想我理解了你的信息”）

◎ 自我对梦做出回应。（“我理解了信息，正打算对此采取措施”）

◎ 自我等待潜意识的下一步发展，对回应的回应。（“现在怎么办？”）

◎ 造梦器制造另一个源自内在世界的梦，这一内心世界已经因为前面的对话有所改变。（“我收到了你的回应，正向你发送下一则信息”）

如果这一沟通循环未被打开，梦生活就会呈现重复性倾向（“我并没有收到你的回复，我正再次向你发送这则信息”）

回应作业

我发现很多人就是不会对他们的梦做出任何回应，除非我以某种方式敦促他们。但我要有多执意强求才可以呢？如果我坚持一定要做作业，这就为下一次咨询埋下了一个潜在的问题：要是他们不做怎么办？如果我只是用建议的方式，这就隐含着一个协定，那就是我的客户可以决定做，也可以不做功课。对有些客户来说，这可能是最好的处理回应阶段的方式——如果布置的作业真的可以和他们共鸣连接，他们就会做；如果不能，那可能就不会做。那就这样吧。还有一些客户，他们只是希望倾诉做过的梦，拥有解梦的经历，或者从梦中取得某种领悟；他们不想感到有任何要采取行动的压力。对这些人来说，要求他们做作业就有点太强求了，而且也可能适得其反。

近年来，我会明确地问：“你希望我对完成回应作业施加多大的压力？”如果客户希望整个过程是动态的，而且非常强调结果，那么在每次咨询结束的时候，就应该对要做什么回应作业达成一致意见。这可以通过激发自我与造梦器之间的对话快速推进整个过程。

连接前回应

你做了一个强大的梦，已经做了一些解梦工作，但仍令人费解。你甚至把梦告诉了解梦师，但还是无法理解。那个“啊哈”时刻就是不来。你仍不确定它和你生活的什么地方连接。你知道它正请求你去做某事，但就是不知道是什么。你能怎么办呢？试一试这些连接前回应，它们可以让梦在脑海里保持鲜活，为进一步的领悟和最终的连接创造条件。

◎ 请求另一个梦，这个梦将为这个谜团提供进一步的线索。

◎ 使用你的想象力重入梦境，进一步探索。

◎ 对梦中的中心意象进行某种仪式上的放大。

◎ 对梦中的中心意象做一些研究。

还记得第6章中的埃伦吗？她做了那个名为“大蚱蜢”的梦。这个梦激起了埃伦的好奇心，但同时又使她困惑，她不明白自己为什么会梦到蚱蜢，并且无法将其和任何意义上的个人含义连接起来。于是，我布置了一些连接前回应作业——我告诉她，她可以请求自己的造梦器发送另一个有关蚱蜢的梦。几个月以后，如愿以偿，她把这个梦称作“吟游诗人的蚱蜢表演”：

这个梦是有关一个吟游诗人的，他进行了一场以蚱蜢为道具的表演。那是一场魔术表演——让蚱蜢经历转化，有的时候变成不同的东西。还有一只老鼠。我对表演很感兴趣。我女儿也和我在一起，我俩正试图弄清楚他是怎么把蚱蜢变成不同的东西的，同时我也以某种方式参与其中，我的职责就是看好狗，不让它们进去捣乱。就是这样。

解梦师：如果你不阻止那些狗的话，会发生什么？

埃伦：它们可能会跳进去，把蚱蜢和老鼠踩死。

解梦师：所以狗可能代表什么？一些你不得不控制的、神奇有趣的可能跳进去砸场子的东西？

埃伦：（经过一番思考）我不相信自己能有未来。我的抑郁情绪。我那些黑暗的想法。

在此，埃伦已经来到了一个极具共鸣的连接点。这个连接点表明，她要努力控制自己的抑郁想法有多重要。在做了第二个梦之后，现在变得清楚了，那个蚱蜢就是她新的可能性的象征。它很小，很脆弱，易受伤害，但同时很神奇，并拥有未来转型的潜能。对于埃伦，我会把蚱蜢当作“鼓舞人心的接触主题”来处理——一些对她来说绝对独特的东西（参见第 25 章）。如果能令她相信其重要性，并阻止抑郁黑狗摧毁它，蚱蜢就会逐渐变成她重要的内在参考点。

连接后回应

现在让我们继续进行连接后回应。你已经开始解梦了，而且“啊哈”时刻也已到来。现在你已经连接好了。如果这就是你想要的结果，那很好，你已经做了一些非常有意义的工作，并且很可能会得到回报。但是，你距离取得更大的收益仅一步之遥。

既然你已经理解了这个梦是有关什么的，就问问自己：“梦想从我这儿得到什么？”你正采取下一个关键步骤。这一步将正好把你带到潜在的改变点。现在，你就有机会根据从梦中得到的领悟做出真正的生活改变了。

牢记想象—仪式—现实（IRA）

从想象层面开始，然后进行一些仪式上的东西，最后在现实领域中采取一些措施。按照这样的步骤走，会带来最好的结果。换句话说，就是想象回应完全发生在你的想象中。仪式回应涉及去创造某事，这些事确实存在于外部世界中，但仅限于你的个人世界，比如说把什么放到你的私人神龛上，而现实回应涉及承诺实现完全的生活改变。

为什么不立即进入行动阶段呢？在考虑生活上的改变时，直接投入行动并不总是好的。如果你给自己机会演练一下正在考虑的变化，对其进行实验，调整和改进它，往往会发现最终的结果会更好。所有这些工作都可以通过想象和仪式完成，无须涉及任何其他人，也不会在你的外部生活中制造出新的混乱和压力。一旦进行了想象和仪式上的基础工作，你可能会对需要把什么带出到现实领域有更清晰的认识。

50 岁的摩根最近告诉了我下面这个梦，他把这个梦称作“五彩蟾蜍”：

我在自家楼上的办公室。屋子里相当黑。我看见地板上有一只发着橙色亮光的蟾蜍。我走过去告诉它，它不属于这里，它应该待在外面。然后，我轻轻地拿起它，并把它带到外面的前廊。我小心翼翼地把它放在通往花园的园景边缘。花园呈斜坡状，下面就是街道。蟾蜍跳下斜坡，但随后就开始滚下去。感觉不妙，我担心它是否安好。我跑下斜坡，看到它撞到了石头上。它失去了原先的橙色亮光，变成了一只颜色普通的蟾蜍。它看起来被撞击吓坏了，但过了几秒就恢复了，回过神来。现在，它变成了明亮的蓝色，接着就跳过了花园，上了坡，往树那边去。它正这么做的时候，一对在街上走着的情侣分散了我的注意力。蟾蜍已经无影无踪。我醒了过来。

当我们在解这个梦的时候，好像被赋予了某种自然的连接点，这一连接点是摩根在叙述这个梦的时候，自发地体验到的——当他说出

“我告诉它，它不属于这里，它应该待在外面” 这些话的时候，产生了一个极具共鸣的时刻，几秒钟简短但绝对不会错的深刻的领悟。我们都能感觉到这个梦是有关他的一个部分的，这个部分不属于内在，而是应该待在外面。摩根很容易就能将此与他的职业联系起来。他正干着一份朝九晚五的办公室文书工作。这份工作薪酬不错，但他并不十分热爱。多年来，摩根都在渴望一份更有意义的工作、度个假或者至少从事某种和他的灵魂价值更契合的职业。当他在思考那份工作可能是什么的时候，他的想象大部分时候会把他带到户外，他幻想着荒野酒店、户外活动中心或者乡间的一所小旅馆。蟾蜍的出现好像是为了强调这种“并不在正确位置”的特质，甚至可能是来引诱摩根到户外去，到森林里去的。

既然我们已经完成了解梦的第一个目标（梦和做梦人生活的共鸣连接），那么就可以继续往第二个目标进发了——产出对这一领悟的某种回应。就想象回应而言，我总是以重入梦境中的环境和参数开始的。将梦的信息和非睡眠状态连接可以晚点进行。所以，在开始的时候，我们只需要重回梦境，并提出这样的问题，“正试图发生什么”或者“梦正请求什么”。

我和摩根都赞同，我们支持的改变的方向是从内在移到外在。他已经把蟾蜍带到屋外了，这一过渡已经证明有点颠簸，而且涉及一些非常戏剧性的变化（在梦中描述为蟾蜍颜色的改变），但看起来是起作用的，因为摩根和蟾蜍现在都在户外了。但是，后来摩根分心，并失去了和蟾蜍的联系。这是有问题的，可能意味着，在非睡眠状态中，他对重要的能够滋养自己灵魂的改变有积极的主动性，但是也有分心、无法贯穿变化全过程的倾向。梦中至少有三个指标表明蟾蜍是有关灵魂的一些东西的：它在办公室神秘而突然的出现、超自然的发光颜色以及摩根直觉地知道在处理蟾蜍的时候要小心轻放。

因此，我问摩根，要不我们来想象一下，他再一次发现了蟾蜍，并且跟着它走进了树林怎么样？他同意了，认为这样做是对的，然后在咨询中我们一起试了试。我们现在正支持和延伸一种预期的能量和运动，它们都是在梦中试图发生的。这个练习隐含的基本信息是：和蟾蜍的相遇非常重要，你已经把蟾蜍带到外面去了，这很好。现在，别分心，不要失去和这个重要的东西的联系，跟着它走进户外，看它会把你带到哪里。这则信息中的一切都与我和摩根已经达成的试图发生什么的意见一致。通常情况下，当我们在初始练习中想象了这个场景之后，我还会要求做梦人在接下来的一个星期重复这个想象练习大概 3 到 10 次。

现在，让我们进一步，进行仪式回应。

蟾蜍看似与摩根的灵魂需求有关；这种梦主题往往会很自然地把我们引往仪式层面，这一层面与想象和现实层面相交。找个蟾蜍吊坠然后戴一段时间看看如何？或者买一个蟾蜍小雕像放在办公室里？抑或是找张蟾蜍的图片，把它放到圣坛上、贴在冰箱上或者设置成电脑桌面？所有这些都可以帮助我们达到两个重要目标，这两个目标就是我们人类在使用仪式时的目的——仪式可以提升一件东西的相关性和重要性，仪式可以帮助保持某事在我们意识中的鲜活性和前沿性，它有更新和提醒功能。在这种情况下，我建议摩根可以找两张蟾蜍图片，一只橙色的，一只明亮的蓝色，因为这种颜色的变化如此显著（并且直到今日仍如此神秘）。

现在进入第三个层面，进行现实回应。

现实回应要严肃和复杂得多，风险也更高，因为现在其他人要被带进来了，并且可能会发生真实和持久的生活变化。这就是为什么匆忙进入现实领域往往并不是个好点子，也是为什么我建议先进行想象和仪式层面的回应的原因。这两个（甚至仅仅通过想象本身）经常会打开通往做出现实生活改变的非常自然的道路；当然，确实在有些时候，在进行了头两个步骤之后，甚至会使外部的变化显得并不必要。

不同类型的梦需要不同类型的回应

回应可能是任何以改变为导向、源于梦中领悟的东西。现在，让我们来看一看一些可能的回应，我们把它们大致归结为XYX类，你也可以开始收集它们用来制定自己的可能回应列表。

想象层面

◎ 想象一种新的现实、新的结果、新的行为。

◎ 与某人进行一场想象的对话。

仪式层面

◎ 把一些象征你梦中某一关键部分的东西（照片、物品、画）放在圣坛上、冰箱上、神龛上或者电脑里，等等。

◎ 进行一场正式的完成或关闭仪式。（埋葬、焚烧、放入水中或空中）

◎ 研究在梦中出现的象征。（比如带着戒指、石头、钥匙、硬币、符号，等等）

◎ 给某人写一封不会寄出的信。

◎ 创造一些东西。（一幅画、相片拼贴、一首诗或者文身）

现实层面

◎ 决意做出生活或行为改变。

◎ 决心处理一些未完之事。

◎ 决定与某人谈论关键问题。

你的想象力是最强大的工具

在解梦工具包中，最常用和最有效的工具是什么呢？我的答案是，想象力的创造性使用。

你的梦常常会描述你往特定的方向挣扎着前行和演变。你想移动但是不能，因为某种阻碍。在这样的时刻，就可以启用你的创造性想象使梦境往想要的结果发展。实际上，你正处于上游的位置，发起变化的进程，以上游为起点，它会流往你在非睡眠状态中一直想要发生的变化方向。在荣格的世界里，这种技巧可以被称为“活跃的想象力”。实际上，行动中的活跃想象力的最佳例证可以在荣格自己的自传中找到。[①] 我喜欢这样看待它：你可以重入自己的梦中，环顾四周，寻找可能的新的结果。试一试，看一看感觉对不对。如果感觉不对的话，那就再试试别的东西。当你发现一些感觉良好的东西时，就可以演练这种新的可能性，直到它开始变成你生活中真实的部分。不要让任何人告诉你做不来，特别是你自己消极的那一面。你可以做到。下面就是方法。

想象回应的基本步骤

◎ 重回你的梦境。

◎ 辨识梦中的问题点，然后去到那一点，感受在那个点是什么感觉。

◎ 抓住自己，意识到自己可以改变状况。

◎ 问你自己（或者你正协助解梦的做梦人）：我想做什么？我想如何改变这个境况？

◎ 开始做这件新的事情。如果它有能量和动力，那就随着它展开，跟随它的脚步。

◎ 如果你帮别人解梦，做梦人想不出任何新的可能性，你可能就

---

① 卡尔·荣格，《回忆、梦、反思》（纽约：年代图书出版社，1965）。

要提出具体的建议了。

◎ 请记住，你在尝试可能性的时候并非不能改变或被锁定。如果你的新方向感觉不对，你总是可以回去然后试试别的东西。请牢记来自约吉·贝拉（Yogi Berra）的名言：“当你来到了一条岔路，那就上路吧。”

◎ 不要去想这个新的东西在非睡眠状态中可能意味着什么。你可以晚一些再将其转化到非睡眠状态中，现在你只需留在梦境里。

这种技巧本质上与“意象演练疗法”（IRT）非常相似，这种疗法是一种成熟的、被证明能有效治疗噩梦的方法，包括创伤后噩梦。在“意象演练疗法”中，噩梦患者选择一个要解的梦，把它写下来，决定他们想如何把结果变成一些更积极的东西，然后在他们的想象中演练这个新的结果。[①]

这有一个需要想象回应的梦例。做梦人是一个名为尤兰达的女性，36岁，这个梦的名字叫“机械蝎子”：

这个梦发生在我奶奶家，在一间屋子里，那以前是我的卧室。屋里摆放着椅子。三个看起来很权威的男人坐在椅子上，还有一把是留给我的。感觉要做什么重大决定。我努力回避整个场景，手里拿着一只自动化蝎子在屋子四周转悠。它很小，但能量强大。它在不停地动，并且有自己的意图。它想进入我的身体，然后以毁灭性的方式刮我。我知道它在某一刻曾进入了我的右肩，就在我右肩中心的位置，在里面刮我。不知何故，现在它在我体外。也就是，现在在我手里我正低头看着的东西；我低头看着它，它不停地在动，而且动作很迅速。它

① 巴里·克拉科夫、约瑟夫·奈哈特，《征服坏梦与噩梦》（纽约：伯克利出版公司，1992）。

有自己的目标和想法——要进入我的身体。太可怕了！我不想这样！但是，我不知道如何应付它。然后，我就醒了。

尤兰达的梦又是一个“内向投射”主题的例子。这个梦描述了她挣扎着要把外来的、有害的心理内容从自己体内清除出去的场景，而这些内容是在童年时候就被强行植入她脑海的。开头的一幕告诉了我们一些有关她生命时间（当她睡在那间特定的卧室里时）以及围绕这个内向投射起源的环境（三个专制的男人，他们正在做一个有关她的重大决定）的线索。

现在，这个梦表明，尤兰达正处于有能力将这一蝎子－内向投射驱逐出去的边缘。蝎子此刻在她体外，但是如果她不能通过某种方式应对它的话，存在重新进入她体内的危险。她能怎么办？因为这个梦的情感强度太大，尤兰达难以想出新的可能性——这只蝎子感觉太强大而无法与其抗争。她需要一些积极的帮助和促进，因此我是教尤兰达这么做的：

◎ 辨识停滞点——蝎子仍是非常活跃的威胁，尤兰达对于如何处理它没有计划。

◎ 重入梦中，找到停滞点——尤兰达让自己去感受蝎子可怕的刮擦能量。

◎ 询问做梦人从这一点出发她想做什么——尤兰达回答，她想杀死蝎子，但认为它可能是杀不死的。我建议说或许可以把它困住装在容器里。她觉得这种做法可能行得通。

◎ 邀请做梦人来想象这个场景——尤兰达想象着把蝎子抓住放到罐子里，并密封好。她有了一种解脱和希望的感觉。她说，在将来的某个时候，它可以被杀死和处理掉。

一旦尤兰达在她的想象中生成了除掉蝎子的可能性时，要摆脱蝎子在非睡眠状态中代表的东西也开始看似变得可能。现在，就把想象领域的东西转化到现实领域，我们齐心协力，一起思考那可能代表什么。尤兰达知道那和她早期的学校经历有关，特别是对她采取的严格和惩罚性措施，强迫她从左撇子变成右撇子。这一早期创伤性经历强行将一些外来的、毁灭性和痛苦的东西植入到她体内，并且一待就是30多年。现在，尤兰达的造梦器将这些外来的内容以机械蝎子的意象呈现出来，并且提出了这一令人兴奋的可能性：她有能力将蝎子清除出来。

通过决议改变回应

戴安娜，32岁，她的主要治疗目标之一就是让自己在做决定和生活改变的时候不要那么冲动和鲁莽。她做了个梦，名为“先下脚”：

梦开始的时候，我在参加家庭聚会。聚会在一片很大的像学校操场一样的空地进行，那儿有很多树，我和我老公家的亲戚在一起，还有我婆婆，我和她关系很亲密，并且对她有很深的感情。她对我来说就像是人生导师，我很重视她的看法。在某个时刻，她让我和她一起到那个很大的旧农舍的地下室去，帮她拿一些吃的当晚餐。我们到了那儿，她开始走下楼梯，楼梯口很小，看起来是非常陡峭的小台阶。几乎就像是有人在地上挖了那么一个洞，就像……往下看有点不祥的预感。但她就这样小跑着走了下去，她正等我跟上她。我看着楼梯口，这让我感到幽闭恐怖，因为我很确定就连我的头都放不进去。我不想先下脚，然后把身子卡在里面，那样的话我就会被卡着不得动弹，没办法往下走了。我想我可以先让头进去，然后俯冲下去，可能这样通过，但我甚至连这个都做不了，因为幽闭恐怖的感觉太强烈了。所以，我只放了一只脚进去试，然后就感觉整个屋子跟着脚进去了！有种感觉就是，在下面有很多间屋子。我的膝盖一过，两只脚完全进去之后，整个屋子都开阔了。现在要容易得多，顶端仍然很紧，但底部是完全开放的，我进来了，感觉不错！（大笑）想象一下，如果头先进来，从楼梯上摔下来，然后折了脖子，会发生什么……肯定一片狼藉！

解梦师：这个梦似乎正强调先放头和先放脚的区别。你能将此和什么联系起来？

戴安娜：嗯，从解这个梦开始，我就在想如果头先下去的话会是什么感觉，然后就觉得恐慌。我一定要快一点，赶紧结束。不管后果是什么，这就是最快最迅速的方式。肯定会痛苦，但可以迅速把事情做完。就让我们快点下去吧。

解梦师：那是你以往的风格吗？

戴安娜：是的，那就是我以前做决定的风格，不管是生活决定，还是做事的时候。如果我想到了一个看似不可能完成的任务，就会觉得，唉，太糟糕了！我一定要做成！无论如何我都要去做，通常我会意识到这些都是不恰当的行为和决策方式，从长远来看，这样做出来的决定从来没有对我起什么帮助作用。我把头放进去之后，幽闭恐怖的感觉如此之强烈，以至于我不得不又把头拿出来。所以，在这个梦里，感觉先把脚放进去是更谨慎的行为决策方式。现在这个梦已经成为我头脑中的工具。每当我在生活中面临决定和做事的时候，我就会考虑先下脚。这是因为我知道，如果先下脚的话，我就会达成目标。

在戴安娜梦中出现的她敬重的导师身影提供了这样的线索：这个梦正试图传达或塑造某种指导。接着，梦继续向她展示她的行为方式（自我检查主题的经典功能），它告诉她："当你处于困难局面时，第一个冲动就是先一头扎进去，而不考虑你的选择。"很多自我检查主题的梦到这里就戛然而止了。它们并不会给出解决方案方面的建议，仅仅是通过夸张的方式描述当前的问题。但是，戴安娜的梦继续指出了一个可能的解决办法："如果你冷静下来，思考你的选择，试试更谨慎的方法，结果会不会更好呢？"

在这个梦例中，我们看到，戴安娜接收并理解了梦中的信息，并通过决议在思考过程和行为方面做出下意识的改变进行回应。她意识到，她的造梦器设计了一个非常清晰和有益的隐喻，并将之呈现给她，供其采纳和使用。戴安娜把这个脚先 / 头先隐喻作为工具放在头脑中使用，这在很多关键的生活处境中帮助了她。

通过举行仪式回应

如果一个梦表明需要结束、完成某事或对某一问题放手、道别，那么最合适的回应可能是某种形式的仪式。

在 61 岁的时候，蒂娜做了一个梦，帮她母亲置办坟墓。在非睡眠状态中，她的妈妈已经过世 10 多年了，但蒂娜仍然觉得母亲对她的生活有很强大的影响，而且这种影响力并不总是积极的。她经常梦见她妈妈，她将这个梦命名为"又长又浅的坟墓"：

我正打算给母亲安葬。我正挖着一个墓穴，这个墓穴看起来很长但是很浅，放不下棺材。很奇怪，在梦里的时候，我觉得这么做是对的，但一醒来就知道行不通。

蒂娜意识到，这个梦意象和终止她母亲对其生活的消极影响的愈合过程有关——这种影响，像墓穴一样，很长但很浅。蒂娜决定进行仪式回应。但是，什么样的仪式会支持她的心理正努力要去完成的任务呢？既然造梦器已经建议举行葬礼（仪式中的常见元素），继续沿着这条线走看起来是恰当的。但是，这一次蒂娜决心更进一步，她决定在自家花园里挖一个很深的坑，将一些象征她母亲对其生活有消极影响的物件埋进去。

在设计仪式的时候，这一点很重要：仪式的象征意义和做梦人想完成的东西要取得共鸣。人类对仪式的回应是与生俱来的。所以，就算对那些不那么“相信”仪式的人来说，这也通常会取得心理层面的效果。

通过制作东西来回应

有时，一个在某人梦中出现的物品或人物会看似具有某种特殊意义。在描述这件物品或这个人物时，做梦人会使用暗含惊奇和特别之意的词语和短语（“不可思议”“棒呆了”“好美呀”“真神秘”“奇怪的感觉”“感觉这事有些特别”“很重要”“哇”等等）。在荣格的著作中，“神圣、超自然”常常用来描述这样的梦，意思是“有一种神性的感觉”。凯特就做了一个这样的梦，她将其称为“水晶祷告轮”：

我在一片美丽的海滩上，海滩位于一个和果阿（印度西海岸美丽的海滨城市）类似的地方，到处都闪烁着光芒。那里除了一个老妇人之外，空无一人。老妇人有个摊位，卖各种雕像和首饰。她那儿有件东西十分吸引我，看起来就像藏族祷告轮。长圆柱手柄，上面刻着经文，末端是两个金属制成的角锥状物，可能是黄铜的，看起来就像个智力玩具。我有种感觉：如果我能弄清楚如何小心谨慎地拆开它，里面就会有一些对我来说非常强大和非常有用的东西，不但对我的个人治疗有用，对治愈其他人也很有帮助。不知何故，我就是觉得这个东西很重要，我很想拥有，我只知道我真的需要得到它。女店主看起来很矮小，也有些嬉皮士，但当她看见我望着祷告轮的时候，态度很激烈。她说：“我认为你还没准备好用那个东西。”一开始我有点挫败感，就好像她一定的是对，我还没准备好。但后来我觉得：不！我真的需要拥有它，我已经准备好了。梦到这就结束了。局面有点僵持不下。我没有得到祷告轮，我们从未真正解决这个问题。

祷告轮很精致，它具有超自然的重要性特质，这一特质会在一些特别的梦中出现。她很想得到它，对她来说这是很重要的东西，但她还没完全准备好。凯特觉得，祷告轮指的是她在非睡眠状态中强烈渴望但仍未准备好使用的东西。她立即做出了连接——她知道这与她作为医士和个人的信心有关。她并未完全准备好涉足自己的力量，并完全相信自己正在做的事情，这就是海滩上的妇人不想让她得到祷告轮的原因。

制作回应就非常适合这种梦主题。投入时间和精力去制作东西的行为和梦意象的高价值相匹配。凯特制作了一张藏族祷告轮的石版画（其中一幅挂在我的办公室里）。在制作这幅画的时候，她对祷告轮、女摊主和自己说："我意识到你有多重要了。我正在非睡眠状态中用一个新创作来表达对你的尊敬，来告诉你我现在已经准备好了。"

通过走出消极困境来回应

你曾经做过某个版本的重返校园而焦虑害怕的梦吗？你回到了学校或大学，事情不妙：你没有准备好、翘课了、毕不了业，不管你的版本是什么。你是否担心这个不断重复的梦可能正传递迫切和重要的信息呢？但是，问问你自己，是否有什么信息？还是说这不过是挥之不去的脑化石罢了？对于每一个重复性的梦，你都必须进行这种区分。考虑一下这种可能性：你的大脑陷入了重复的循环。如果这个循环在生成它的环境已经改变了很久之后，仍旧一遍又一遍地重复自己，很可能它并没有任何有用的目的。不幸的是，这些古老的大脑回路真的有赖着不走的力量，它们在我们的大脑中保持鲜活（睡梦和梦醒时），寿命比它们的有用性长得多。

西蒙娜被一个重复可怕而焦虑的梦折磨了5年多。她现在64岁，这个梦是有关她儿子的（目前40出头）。这个梦叫作“找不到我儿子了”：

总是同样的梦，不过背景不同。最近做的一个——我在一座有很多大树的森林里。我们正进行某种郊游。我儿子走丢了，于是我疯了似的到处寻找，一遍又一遍地喊他的名字。在一片焦虑中，我醒来了。

这是个非常普通的焦虑梦，通常是有关年轻的父母们做的有关失去孩子或者有什么要伤害孩子的内容。但是，为什么西蒙娜会在她儿子40岁的时候，还做这个梦呢？

我们需要做的第一件事就是，确保梦不断自我重复不是为了向做梦人发送她可能正阻止或忽视的重要信息。我问西蒙娜：“你对梦境的不断重复，能否想到什么合理的解释呢？”她毫不犹豫地回答没有——“不，我认为没有。我已经想过很多次，也想知道这个梦是否要告诉我，作为母亲，我错过了什么或者做错了什么。但是，为什么它不给我更多的答案呢？它总是一个样子，就是一种多余！”

现在我们确信梦的不断重复是功能失调性的而非功能性的（传递信息），那么就可以继续进行把它当作大脑网络主题来处理（参见第18章）。我们的目标是帮助西蒙娜找到办法从这个根深蒂固和折磨人的神经场中解脱出来。以梦中的实际问题情景为出发点，我让西蒙娜重入梦境（在森林里，担心她走丢的儿子）。但现在我们带入了新的元素——我让她先自我冷静，去感知这不过是她陷入的重复循环。她希望想象什么新的结果呢？她决定想象自己走出了森林，来到林中空地。当她进入空地的时候，就看见了儿子，是他现在成年人的模样。

在咨询中，西蒙娜实践了这个想象练习，我让她在接下来的两周内每天重复两次或三次。为什么需要这种重复练习？因为要用这种新生成的解决方案的重复来抵消原始问题的根深蒂固的重复，这种方法和意象演练疗法（IRT）中的演练阶段类似。如果你的大脑不断把你带回相同的问题位置，那么你必须帮助它走出那个地方，然后需要练习使用那种出来的方法。这一“找到解决方案，然后练习它”原则适用于梦醒时的大脑（解决不良习惯、嗜好、悲观想法和消极信念），对于睡梦中的重复地做不好的梦的大脑也同样奏效。西蒙娜在做这个想象练习的时候即时感受到了一种解放。不到一个月，噩梦出现的频率就开始下降。她可能很快就可以完全从那个旧梦中解脱出来，那个几十年以来别无他用，只给她带来恐慌和担忧的梦。

通过出现在梦中的象征回应

有一些梦会把焦点投射到特定的物体或人物上，这一物体或人物对于做梦人来说具有重要的象征意义。通常，这个象征的含义并未被完全理解，但是其重要性很明显已经被感知。如果你做了个这样的梦，试试这个来作为回应——找些东西来代表出现在梦中的特殊物件或人物，然后和它亲密接触一段时间。

这儿有个梦例。做梦人名叫坎迪斯，58岁，她正打算去看望父母，她很期待这次探望，因为他们已经疏远很多年了，她希望通过这次探望能让大家冰释前嫌。她把这个梦称作“钥匙和铁钩”：

我把钥匙弄丢了。我正在以前的高中找钥匙。我的男朋友T也在帮我找。我们出了后门。有四个坏蛋在那儿。他们看到了我们并开始尾随。他们要强奸我。三个向T走去，一个朝我走来。他有个铁钩子武器。我把铁钩从他那儿夺了过来，勾进了他脖子里。我试着报警，但是没人把我当回事儿。一个年轻女人目睹了整个经过，我希望她能作证我就要被强奸，只是为了自卫……

坎迪斯立即把这个梦和预期的探望父母联系了起来。她害怕会被他们从心理和情感上强奸，正如在很多次以前的探访中发生的一样。她害怕被父亲诱导，让自己感觉像个被剥夺权利的孩子，她将这一点和梦中的铁钩连接起来。坎迪斯意识到自己想要通过进攻和回击来保护自己免受父亲铁钩进攻的倾向。她的这一点感受在梦中被描述为：她用强奸犯自己的铁钩打伤了他。此外，坎迪斯也认识到，这种防御性的回击总是让她对伤害了他感到内疚。这一动态心理在梦中的表现是，害怕和警方产生纠纷，以及证明她的攻击是必要的自卫行为。

坎迪斯能很好地理解这一状况的心理动力学机制，但是仍然十分担忧在自己真正踏进爸妈家的武力主场时，没有足够的力量去阻止预期的强奸和铁钩袭击再次发生。这个梦似乎正警告她有关的危险，但是也包含了一个新的象征——钥匙。钥匙指的是什么呢？当我们在思考钥匙的可能意义时，坎迪斯做了一个有趣的连接。或许钥匙指的就是这种认识：她的父母都是非常不成熟和深受伤害的人，需要她的怜悯和爱。如果她能在去探望他们的时候牢记这种认识，可能就可以保护她免受旧的家庭模式的负面影响。但同时，坎迪斯也明白了，她对父母的怜悯也有像铁钩的一面，它让她觉得自己有责任帮助他们摆脱自己的折磨人的功能失调网。这也让她在为了保全自己不得不伤害他们的时候感到愧疚，毕竟，他们只是表现得像受伤的孩子，事实上他们也是。坎迪斯意识到，她对他们的怜悯既是铁钩也是钥匙，它可以起双向作用。

作为回应，我提议进行象征性的放大——或许可以把钩子和钥匙放在一起，穿在吊坠上戴着当作护身符，这可以帮助她在探望他们的时候保持清醒和冷静。坎迪斯喜欢这个主意，并决定试一试。如果当她开始觉得被触发和被剥夺力量之时，就可以想一想她的怜悯铁钩-钥匙，并努力把注意力放在钥匙而不是钩子的能量上。

总结

如果你在为梦想出好的回应方面有困难，试试从“梦正请求什么”的角度来考虑问题。如果能回答这个问题，你应该就正好站在制定好回应的门口了。实际上，我们大多数人都没有时间和精力对“所有”的梦做出回应，这可是个全职工作啊！使用你的直觉，选择一个你会全程跟完的梦，从想象层面到仪式层面，或者在一些情况下一直跟到在生活中做出实际的改变为止。

现在你知道整个方法了吧。

如果你还没有开始的话，就从现在起开始练习和发展你的技能吧。

第三部分

万万不可忽视的梦境

第 15 章

16 组梦境主题

人们往往会蔑视那些试图将梦境分类的行为。梦境可能是杂乱无章、多层次的，因此很难确切区分。既然如此，我们为何还要大费周章对梦境强加分类呢？如果不对其进行分门别类，是否还有别的更好的研究方法？

当然有。如果我们有充分时间仔细琢磨梦境而不急于盖棺定论，这种仔细琢磨的方法将使我们获益匪浅。然而，若我们试图在有限时间内帮助他人理解梦境，这种方法通常难以奏效，因为耗时过长且难以得出实质性结论。因此，我们需要一些方法，使梦境简易化，并尽快指明方向。为此，我们需要某种思维地图来帮助我们准确定位，而这种"梦境地图"本质上等同于我们在梦境里遇见的熟悉主题。所以，在我看来，我们可以尝试将梦的主题进行分门别类。

对我而言，最有效的分类方法莫过于从梦境的诉求出发。你需要如何做才能充分理解梦境为你带来的启示呢？几乎所有连贯梦境都会带来一定的启示。以我的经验来看，了解梦境指向的信息最有利于我们研究梦境，同时帮助我们更深入和迅速了解梦境中关于个人意识、个人改变及成长的潜在信息。

多主题梦境

我们做梦时绝不局限于一梦一主题。一个梦可能包含不止一个中心主题，也可能会有多个诉求。在我的解梦经历中，我发现有着重要诉求的梦境经常出现两个中心主题。例如，第3章提到的多明妮嘉的梦——以自我检查的主题开始（她试图驱动一辆不安全的车），然后转到一个鼓舞人心的接触主题（她看到大潜鸟）。这两个主题对于解梦至关重要，且都有其各自回应的诉求。我给自己的解梦工作定下一条军规：即使解释再错综复杂的梦境，也绝不可以掺和超过两个主题，因为这只会使解梦工作变得更加凌乱，我不愿意不堪重负。

我把梦的主题分为16组，每组均有一章专门讲述。虽说这些主题都屡见不鲜但举足轻重，我以它们出现的频率高低安排讲述的先后顺序。

16组梦境主题

1. 影子主题

信息：你忽略了内心潜在的信息。它现在想夺门而入。

诉求： 拥抱内心被遗弃、被压抑的潜在部分。

2. 自我审视主题

信息：嘿！看看你在做什么？还想继续吗？

诉求：改变自身定位、态度以及行为。

3. 脑部主题

信息：在某些时候，你由于思维定势作茧自缚，而无法自由选择或感知内心。

诉求：感知内在悬而未决的中立地带，寻找出路。

4. 人格意识主题

信息：你的心灵曾遭受重创，自此后不再完整。而现在，治愈良机正浮出水面。

诉求：重组内心孤立部分。

5. 家庭主题

信息：你仍然受到原生家庭的束缚。

诉求：意识到原生家庭的束缚并做出改变。

6. 亲密关系主题

信息：你和伴侣相处的方式过于一成不变，阻止了你感知和体验这种关系中出现的新气象。

诉求：打破墨守成规的人际关系。

7. 心理投射主题

信息：在你的精神世界中存在某种来自过去的外界事物，现在你想移除它。

诉求：确认自己精神世界中的外来部分，强化自己的意志，将其削弱或彻底消灭。

8. 自我发现主题

信息：你在不断探索自己的内心。请坚持！

诉求：将更多精力和意志投入到自我发现中，探索未知领域。

9. 重塑自我主题

信息：你正处于深刻变革和创造力爆发的黄金时期。你需要通过重新塑造自我、重新感知自我以达到凤凰涅槃的目的。

诉求：充分感知目前所处的重塑阶段且努力适应变化。

10. 启迪主题

信息：为自己创造惊喜！成为自己的灵感缪斯！你拥有独一无二、

卓越非凡的特质!

诉求：充分实现自我，将未知变成已知。

11. 积极反馈主题

信息：你刚完成了某项壮举。请用心留意、积极配合、持续努力!

诉求：为已经出现的良好势头投入更多的时间和精力。

12. 失控主题

信息：你的心灵有某部分已经失控，正在对你造成伤害。

诉求：留意失控部分，减少其造成的伤害。

13. 梦体主题

信息：梦中的你有自己的能力、欲望和需求。

诉求：请留意梦境中你的行动及欲望。

14. 肉体主题

信息：这是你的物质载体。你将要醒来，而我正要进入你的梦乡。

诉求：这类主题除了物质主体意识和肉体体验外别无所求。

15. 情爱主题

16. 惊悚梦境和噩梦

为何识别主题对梦境分析工作大有裨益

即便还不能识别所谈论的梦境类型，我们单纯通过谈论梦境便可获益匪浅，这是毋庸置疑的。但为了使梦境更充分地发挥作用，更好地为我们提供帮助，则必须识别梦境主题。若你对潜意识给你的“信息”毫无头绪，也无法明白当中的“诉求”，那你将注定无法从梦境中有所收获，因为你没有找到合适的方法分析梦境。

下面举例说明辨别梦境主题的重要性。弗兰是一位 38 岁的女性，自小接受严格的宗教管教。成年后，她发现自己难以控制自己激烈多变的情绪。她可能前一刻心中感觉平静如水，但下一刻会没来由地感觉毛骨悚然。弗兰曾做过一个非常生动的梦，她称之为“计时器里的昆虫包”：

我虽躺在现居的卧室里，但梦中回到父母的老房子，那是我7到16岁的住所（我在梦中多次回到那所房子）。我面向壁橱，发现橱柜顶上有一个小型厨房计时器和一只小型束口袋。当计时器响的时候，硕大的蟑螂和蜘蛛爬出来覆盖了整个房间（墙壁、天花板、家具、窗户和地板等无一幸免），使得我房间的东西变得面目全非。我想不起来是否在梦中四处寻找这些小生物（我觉得我没有）。而在某个时间它们逐渐消逝。随后计时器再次响起，整个场景再次反复直到我醒来。在梦里我不曾感到恐惧（虽然我醒来时觉得焦躁不安），但我忍不住大骂：“这他妈都是什么？”

我们团队一起分析了该梦境。我们先把这些昆虫考虑为影子部分——这是弗兰尝试着“走出袋子”、回到自我的潜在意识。若昆虫为真正的潜意识影子，一旦被内心接纳，则会快速蜕变为积极的东西。我们请弗兰尝试对蟑螂和蜘蛛的出现抱以积极的态度。她努力做了尝试，但并不奏效。

我尝试转身和这些虫子对话，尝试与它们逐个谈话，但在梦中我却哑口无言，甚至无法伸手去抓住它们。一旦开始尝试与它们互动我便目瞪口呆、难以行动了。我努力尝试考虑这些昆虫的正面形象，如坚硬、有弹性、有创造力等。但无论我如何努力，都难以奏效。

由于此方法徒劳无效，作为主要倡议者，我感觉我们分析的方向可能有误。因此，我们必须另辟蹊径。随后，我建议把昆虫作为内置主题（一种过去被硬塞在弗兰灵魂的外部垃圾的描述）而不是影子主题来分析。因此，目标不再是接纳而是驱逐——这可是180度大转弯。

一旦我们开始以该方式看待昆虫，梦境的含义便开始浮出水面——弗兰需要清除这些昆虫，而不是与它们相遇并交流。甚至在她完全理解昆虫的含义前，她便心怀厌恶和仇恨，并想杀死这些昆虫，“我放火烧掉了一个小角落里的昆虫，心情感觉无比轻松”。

最后，弗兰把昆虫与早期被灌输的宗教教义联系起来，并追溯到她的童年，“我立刻理解到蟑螂和蜘蛛代表着那些被作为是真理灌输进我脑海里并产生巨大影响的谎言、故事等，但实际上它们并非如此”。这个梦是她潜意识中与这些想法斗争过程的生动描述，但却未能取得完全胜利。某些时候，这些昆虫可以被装在袋子里，但在某个时刻却全面爆发。在分析该梦之前，弗兰没有想过她需要的并非抑制这些东西的出现，而是将其驱逐。理解梦境带来的信息可以让她深受启发。

贴士：当梦境分析停滞不前时，原因往往是没有正确识别主题

当你发现难以解梦、难以弄清梦境诉求时，尝试对此做出回应也为时过早。因此，当你分析梦境陷入僵局时，千万不要作茧自缚，而是要打破思维壁垒。最佳方案是改变方法——回到原点，寻找最佳解决方案。

接下来的14个章节内容丰富。若你觉得难以消化，我建议用这个万能法宝——识别梦境主题的最终目的在于让你立即识别梦境诉求，这便是你的最终目的。以下每个主题都将以以下格式呈现和讨论：

◎ 主题信息。

◎ 主题诉求。

◎ 一两个该主题梦境示例。

◎ 该主题的心理动因。

◎ 该主题的显著特征。

◎ 该主题的解梦建议。

在本书后的附录 2 中可以找到有关每个主题的独特特征的快速索引图，将帮助你处理梦境及有效区分两个或多个中心主题。

第

16

章

影子主题
梦见遇到危险，被坏人跟踪

信息：你忽略了内心潜在的信息。它现在想夺门而入。

诉求：拥抱内心被遗弃、被压抑的潜在部分。

特丽梦到那些少年的时候是12岁9个月，正值青春期之际。那时她对很多事物感到恐惧，尤其担心不幸降临在自己或家人身上。她把该梦叫作“擅闯入宅的少年们”：

梦里，我正和家人在家里待着。有几个高中生越过屋后的栅栏，走到了院子里。他们正朝着我的房子走来！我以最快速度把家里所有的门锁上。突然，我想起地下室的门还没锁，急急忙忙地跑下去，关上了门。那群高中生跪地苦苦哀求我放他们进来。

在梦里遇到危险人物靠近，特丽像大多数人一样赶紧关好门窗，她的第一反应是要把这些不速之客拒之门外。而在梦中，那些“危险的不速之客”实际上并未造成真正威胁（影子梦境的标志性特征）。他们只是不断央求她，没有破门而入，也没有伤天害理，更没有造成损失。那么，这个梦到底想传递何种信息呢？它似乎想提示特丽改变对待青少年的态度，改变自己因害怕而情急之下做出的反应，还想让特丽开门迎客。

根据之前分析梦境的经验，我们推断，如果特丽真的开门迎客（想象中），她马上会体会到一种积极的变化。她将会开始欣赏他们的优点和他们带来的勃勃生机。于是，我让特丽想象自己在梦中打开了门，邀请其中一人进来（保险起见，只邀请一人）。那么，特丽感觉如何呢？“还行吧，”她说，“没什么特别，他挺友好的。”

这个梦里的年轻人们展现了“影子人物”（影子梦境中除做梦者以外的人物）的本质特征——渴望获得接纳。从心理学角度来说，他们代表了某种希望能得到特丽认可的性格组成，从而成为她个性中的一部分。而让特丽通过想象打开家门，让其中一位进来这一简单的举动，可以向自己的内心深处传递一个强烈的信号——对于这一即将到来的变化，她已经胸有成竹。特丽即将步入青春期，成为一名少女，而这个梦透露了她害怕长大的心情。梦境所预示的变化是特丽无法避免的，但如果她能心甘情愿开怀接纳那些少年，这个变化发生得将会水到渠成；相反，如果她拒绝接纳，那些少年将会聚集更多能量，变得更加聒噪和暴戾。这样一来，下一次他们再次出现时，可能会变得更加一发不可收拾。

变化的发生是势不可挡的。此结论由一个与心理学有关的有趣事实得出——你无法将影子人物拒之门外，因为它是你还不甚了解的内心的一部分。我们往往会认为初露头角以及发展迅猛的事物是让人望而生畏的。梦境中，主人公拼命想把所有门都锁上，因此手忙脚乱地鼓捣着那些弱不禁风、不堪一击的锁，正体现了主人公其实无法将影子人物拒之门外这一特点。正如特丽所言："我以最快速度把家里所有门锁上。突然，我想起地下室的门还没锁。"这似乎是造梦者在说：你如此奔波想把所有门都锁上其实于事无补，影子人物最终总会破门而入的。

下面介绍另一种影子梦境，主人公是47岁的布兰登。他把这个梦叫作"彪悍的男人"：

我往门缝里瞥了一眼，瞄见了大卫·铃木(David Suzuki)。画面一转，我坐在大型观影间中俯视舞台。一个看起来精力充沛、活力四射的年轻人走进房间。只见他用牙齿咬住舞台的边缘，翻身一跃就到了舞台上。真是艳惊四座，我目瞪口呆！

布兰登的梦向我们展示了影子人物截然不同的一面。那位彪悍男士并不可怕，也绝非负面人物，他与布兰登内心的自我形象相去甚远，而这一点在梦里则借由两人远得让人望而却步的距离来表现——年轻人在舞台上，而布兰登则坐在观众席后方，一个遥不可及、绝对安全的位置凝视舞台。这个梦境是否在呼唤布兰登走近舞台，去接触甚至是认识那个男人呢？我认为正是如此。因此，我请布兰登将自己想象为那位年轻人的"一部分"。通过这种想象练习，布兰登开始意识到自己体内也有凶猛彪悍的属性。他原本非常抗拒走上舞台（"我绝非镁光灯聚集的焦点"），也许这个梦提醒他，是时候克服这种抗拒心理了。

大卫·铃木在一开始扮演的角色让整个梦充满压迫感和急切感。对布兰登而言，铃木是一个发人深省、令人崇拜的对象，是一个充分张扬个性、活出自我的人。于是，这个梦似乎在传递这样的信息："你潜能巨大、前途无限，但你必须克服成为焦点的恐惧，越过阻碍，展现彪悍的一面。"

在接下来这个梦里，影子人物以一种更耸人听闻的形象示人。梦的主人公是48岁的埃文，将这个梦称为“大熊”：

在梦里，大家都在对一头大熊左右躲闪。一开始它是棕熊，不一会儿又变得很像北极熊。我正和一个姑娘躲在仓库里，虽然我们都知道那头熊就在外面不远处，但我们依旧打算干柴烈火一把。这时气氛紧张到极点，我们吓得连汗都不敢出。这时，我们躲在仓库外面的拐角处，那头熊突然出现，在这一触即发的时刻，我们都瞠目结舌。后来，我们好不容易进了仓库，根本来不及锁门。大熊就在门口。它那硕大无比的头正不断撞击门锁，而那个锁又很小，形同虚设。这时候，我醒来了……

这听起来似乎有点耳熟——不速之客破门而入、主人公迅速关门以及形同虚设的门锁——这都是影子梦境的特点。我认为那头大熊是埃文某种强势性格的化身，是他自己都望而生畏的部分。于是我让埃文重新回到梦中，将自己想象为门那边的大熊。他合上双眼，开始想象。虽然他不能完全把自己想象为那头熊，但引起了一连串的联想。当然，这些联想中喜忧参半。

我也想成为那头熊，但并不想擅闯仓库引起恐慌。这让我想起我的父亲生病的时候。当时他行动不便、对他人需求置之不理，大熊也是这样的为所欲为。它们身上毛茸茸的，我一直想留络腮胡来着，倘若我留了的话，现在应该变白胡子了，就像这头白熊一样（笑）。因此就让胡子顺其自然地生长吧，无论长成怎样，我就是我。以前我听过一些关于熊的恐怖故事——有人在树林里迷路时，出现了一头熊。无论他们做了什么，熊都会将他们打伤，并吃掉他。熊成了噩梦的象征。但是，这头熊不一样。我觉得它与我的个人力量紧密相关。它高大、成熟、原始，象征着对我男性力量的挑战。

埃文说话的时候，我注意到某些积极变化正在发生。一开始他对熊的描述中夹杂大量负面信息（如吓人、自私、对他人需求置之不理、动作笨拙、攻击人类以及恐怖故事等），但是后来开始出现了正面联想，并且越来越清晰明显。最后，埃文将熊和一系列非常积极正面的概念联系在一起——男性力量、高大、成熟和原始。

通过埃文的梦境，我们可以清晰看到一些原本包含正面含义的特质（如男性力量），由于受到童年时期的负面影响（自私、对他人需求置之不理的生病父亲）而产生了消极联想。这种心理联想一旦形成，将难以根除，它还会让人经常梦到各种意义隐晦不明的影子人物。极为常见的一个例子就是梦见黑手党暴徒和各种帮派人物。

如果不确定自己在梦境中面对哪一类人物，则可以通过重现梦境和探索求知的方法——即重新进入梦境，找到影子人物，并对其加深了解。如果在这过程中，你察觉到了好的变化正在发生，便说明你面对的是影子人物；若无，主人公甚至在梦里受伤，则你要面对的并非影子人物。如何区分不同可怕梦境中的人物类型的方法将集中在第 31 章讨论。

影子主题的心理动因

卡尔·荣格[①]用“影子”一词来指个性中被唾弃、拒绝和忽略的部分。本书所用“影子”一词除该含义外，还包括以下三个更为具体的含义：

◎ 社会化过程中受到压抑的潜在个性。

◎ 由于过去负面经历的消极影响而遭到厌弃的潜在个性。

◎ 尚未出现和彰显的个性。

---

① 卡尔·荣格（C. G. Jung），瑞士精神病学家。

因此，影子人物包括你所有真实、潜在的个性，但这些个性却依然没有被全盘接纳，或者没有融入你的性格或自我认知中。影子人物最鲜明的特点之一就是他在梦中瑕瑜互见。缺点往往最先显露。梦中，影子人物用“坏人”来伪装自己，是梦境主人公受到童年经历的负面影响之故。如果一个孩子的成长过程中父亲脾气暴躁、动不动就气急败坏，这个孩子往往会对所有形式的发怒抱有戒心，即便是有益身心的适当发泄。他也往往会否认、压抑自己的所有怒气。然而，愤怒是不会凭空消失的——因为它属于自我，若无处发泄，最终会寄梦于影子人物，伺机再找上门。而一旦这种愤怒重现，那几乎可以肯定他仍旧会对其感到恐惧不安和高度警戒，就像小时候一样。罗伯特·布莱[1]通过他的作品《人之影》，向我们完美展示了社会化过程如何不可避免地使人类进一步压抑真实的自我，并导致这部分自我属性不得不成为影子人物。但为了自身的成长，我们不得不与这些影子人物相会，并对他们全盘接纳。梦境会不断创造机会，让我们与影子人物和平相处，此时，如果梦的主人公能鼓起勇气与影子人物接触，那么一个从消极转为积极的信号便会马上发生。

无论何时，只要人的内心世界发生变化，那些抵挡变化的力量也会同时得到激活，这种力量由人类个性中保守部分构成，是一种总想一切维持不变的力量。这些成分在梦境中常以个性鲜明的角色出现，如警察、保安、边界警卫或其他能凸显领导阶层和掌权者权力的人物等。所以，主人公在影子梦境中向警察求救是司空见惯的。这说明了人类最基本的行为倾向——对于即将到来的变化担忧，试图阻止变化发生，并维持原样。

如果你的潜在个性仍处于萌芽阶段尚未显现，那么你就会对那些性格和自己潜在个性相同的人分外敏感。也就是说，如果你的潜在个

① 美国诗人。

性是喜欢浮言虚论，那么相似的人便会格外容易令你暴躁不安。但如果你允许浮夸这一个性特质显现，并且将其接纳成为你个性的一部分，那么面对此类人物时，这种烦躁的感觉就会慢慢消失。既然你已经变得浮夸，那么你便也可以接受他人的这种个性了。因此，每次你发现自己对某一个人毫无缘由地格外生气时，就应该问问自己："他身上有什么如此困扰我呢？"这个人或许就是一个揭露你的潜在个性的重要提示。

影子主题的显著特点

◎ 总有人或事物令人望而生畏并想要破门而入。

◎ 被令人恐惧的形象追踪。

◎ 感到危险和伤害，但实际没有受伤。

◎ 试图锁门，但门锁却形同虚设。

◎ 试图把多个入口都锁上，却无济于事。

◎ 尝试寻求警察帮助。

◎ 对下列性格的人感到愤怒：野蛮、不羁、彪悍、粗鲁、纵欲或亵渎神明等。

影子主题的解梦建议

接下来，我会以在梦中的读者第一人称为视角，列出一些小技巧，使梦境发挥指引作用。以下建议既能帮助你分析个人梦境，也有助于你分析他人梦境。

积极重构梦境

如果你梦到影子人物，请想象那个人物的性格是你的另一面。

问自己："如果我拥有更多的____能量或性格变得更____会怎么样呢？这种变化有什么好处？"

运用想象去面对梦中可怕的人物

在你的想象中重新进入梦中的场景（比如你正躲在一个隐秘的房间，而门外有个可怕的人）。开门，面对那个人，然后跟他打招呼："你好。请问你是谁？"如果你开始感觉到体内有积极正面的情绪在酝酿，就邀请那个人到房间里来，问他："你想做什么？"通常那个人会说："我想要你变得更坚定、强壮、高大、勇敢，变得更像你自己。"诸如此类的回答。

如果这次想象能带给你一些全新及美好的感受，那么在接下来几天就继续重复进行想象。这样，你的影子梦境便达到目的——让你遇见你从未发现的一面。

代入角色

想象自己就是门口那可怕的人，感受一下别人害怕你，并把你关在门外的滋味。你尝试问他问题，然后设身处地地回答那个问题。"你希望我做什么？你来干什么？你是我潜在的另一面吗？你代表什么样的个性？如果我让你进来，你会做什么？"

影子主题的其他案例

"找不到厕所来用"——第 3 章

"大灰狗"——第 8 章

"被大猩猩捞了起来"——第 12 章

"月亮和雾气"——第 12 章

第 17 章

自我审视主题
梦见高空坠落或沉入海底

信息：嘿！看看你在做什么？还想继续吗？

诉求：改变自身定位、态度以及行为。

你是否做过这样一个充满焦虑的梦？你坐在车内，驾驶着一辆车吗？是否无法减速？这暗示着什么？是否对目的地不清不楚？是否前路模糊？是否无法发动车子，或者找不到车？驾驶困境或类似的梦是我们的文化中 10 大常见梦境之一。为什么潜意识会让你做这样一场梦呢？其实这是反馈。梦境是你的所作所为对生活环境的反馈。

斯蒂芬妮是一位 58 岁的女性，她对自己的健康状况深感担忧。在我和斯蒂芬妮的第一次对话中，她告诉了我她做的一场梦“危险滑行”：

我站在山顶，下面是悬崖峭壁。我看到悬崖下面有一潭湖水。然后，我开始沿着小路下山，在路上不小心摔了一跤，然后便一直向下滑，撞到了一堆石头（石头颜色为明亮的棕色）。我缩成一团，撞到了一个拐角处，然后飞出了悬崖……在下落过程中，我跌落到了一块突出的石头上……我的一条腿撞到了石头的边缘。即便身下是万丈深渊，我也怡然自得地坐在石头上……然后，我就醒了。丝毫没有感觉害怕或恐惧，只觉得“啊，原来我们在这里”。

在剖析这个自我审视的梦境的时候，第一条线索就是斯蒂芬妮梦境开端时所在的高地：这是一个非常常见的隐喻，在一个人处于危险处境的时候，它就会出现在梦境中。第一次跌落（摔跤的那次）相对来说无关紧要，事关重大的是紧随而来的朝着危险边缘无法控制地下滑，还有一次更加严重的潜在性滑落。这种严重性不断提高就是典型的自我审视主题的出现，警告做梦者需小心危险行为和潜在的健康问题。这个自我意识梦境里还出现了一个奇异罕见的缺乏关注现象。怡然自得地坐在石头上显然与存在生命威胁的处境存在着显著矛盾。因此，这个短小的梦境给斯蒂芬妮传达了三个重要的警告：第一，你有病倒的危险（这与她不断恶化的健康状况相关）；第二，你需要在滑落开始的时候就尽可能地阻止下滑（积极采取干预措施），而不是让滑落继续发展下去：第三，你需要认真对待这整件事，因为它可能会把你带到危险边缘。

我曾经做过一场关于“毛茸茸小动物”的梦，虽然已经过去25年了，但我一直记得。这个梦由一个恐怖的场景组成：

我一直在一拳拳地打一只小动物，它是灰棕色的，体型和鼹鼠或老鼠差不多。我试图杀了这只小动物，但怎么也杀不死它。突然，不知怎么地，我和这只小动物对视了一眼。就在这一瞬间，我对这只受伤的小动物涌起了一阵强烈的幡然悔悟和恻隐之心。我捧起它，温柔地抱着它，祈求它不要死去。我都做了些什么啊？！后来我醒了，放声大哭。

我立刻明白了过来，这只小动物就是我内心的一部分，是我下意识要抹杀的一部分。它一出现，我就试图将它扼杀在摇篮里。这一动作训练有素，似乎在那只小动物出现的时候，你应该做的就是杀了它。我知道，这个梦是在试图让我意识到自己某些训练有素的行为，这些行为正在不断地伤害着我身体里弱小而脆弱的那一部分。在我思索这个梦境的时候，我突然明白了，这只小动物就是我的一部分，它风雨摇摆、岌岌可危。只要它一出现在我的意识里，我身体里代表着坚忍寡欲的那个小人就会跳出来镇压它、杀害它。

在我想象中，自己对这件事的回应是这样一幅画面——我捧起这个瘦小的、受伤的小动物，跟它对话，呵护它直至恢复健康，并一再承诺会努力改变这种早已成为惯性的行为。我仪式性的回应是找到一张受伤鼹鼠的照片，把它放在祭坛上祭奠。而我的实际反应是在我受伤的时候，我能更好地明白自己的情绪发生了什么样的变化。

在做了这个梦以后，我还做了许多和这个梦一脉相承的其他梦。还记得我们在第 9 章讨论过的那个温迪做的关于虫虫鸟的梦吗？虫虫鸟梦和我的梦有异曲同工之妙。我们都毫无理由地对小动物施加暴力，随后突然醍醐灌顶，陷入同情和自责之中。很多年后，我终于明白，在梦中对弱小的、没有自保能力的小动物和人类施加杀害或者残忍对待，通常表示我们身体里的某部分抑制镇压另一部分的冲动。这些梦境的特点就是通过极端行为和强烈的情感波动来吸引你的注意力，并对你所做出的一些不妥行为给出反馈。镜像和反馈功能就是自我审视主题的本质。

自我审视主题的心理动因

由无意识到有意识的自我反馈是自我审视梦境的主要心理动因。自我审视梦境就像是试图举起一面镜子，并弥补后果、给出建议和修正错误，这些梦境会指出你究竟是在何处偏离轨道，何处失去平衡，何处还不是尽善尽美。这种类型的梦境或许难以被接受，也通常会遭到自我意识的强烈抵抗，但是它在本质上可以是有建设性的。

无意识心理的内在智慧与自我意识可以通过多种方式进行沟通，而最常见的便是通过梦境。当我们做梦的时候，这种沟通会像一面镜子让我们注意到一些本来闻所未闻的关于自己的事情。这样的梦境就是“自我审视主题梦境”（或者可以说是存在于一场更大的梦境中的自我审视主题）。

在你梦境中的人物行为恶劣的时候，你可能不会想到这是对你某方面性格的投射。试着往这方面想想看吧，看看究竟是否如此。如果你梦到了一个飞扬跋扈的人，花点时间反思一下，你性格中是否有专横傲慢的部分？在你尝试这样做的时候，如果感觉到情绪上有负担，那么就表明该梦境人物确实戳中了你的内心。在自我审视主题梦境出现时，这种情绪上的负担通常是消极的，这种消极的范围从不知所措到惶恐不安（例如我从那个毛茸茸小动物的梦境中醒来之后感觉到的毛骨悚然）。你正在渐渐地发现之前没有意识到的自我，这种自我意识的觉醒绝非坏事，相反是个好兆头。如果你拒绝接受真实的反馈，那么你可能会与一个自我反省、自我改变和自我成长的绝佳时机擦肩而过。

自我审视主题的显著特征

梦中的人物或自己行为不妥

◎ 驾驶障碍。

◎ 出现名声斐然或声名狼藉之人。

◎ 自己或者他人杀害或者伤害弱小和毫无招架之力者。

◎ 自己或者他人身处危险高地，或者有坠落风险。

自我审视主题的建议

以下建议既能帮助你分析个人梦境，也有助于你分析他人梦境：

从外部转向内部

无论是在现实生活还是梦境中，自身性格中那些你深恶痛绝、视同陌路的部分通常会投射到其他人物或机构身上。如果你梦中人物行为恶劣，你应该对自己进行内外定位，并反思："我可以把这个人看作我内心的一部分吗？"如果答案是肯定的话，那么这部分是哪一部分的？如果答案是否定的，那就置之不理吧。但是在此之前，你应该先尝试拷问自己。

代入角色

若你无法把梦境中的人物看作你的一部分，那么尝试代入这个角色，成为你梦境中的人物。如果你梦到了一只黄蜂，那么就试着变成一只黄蜂，此后你可能会突然意识到自身本质中类似黄蜂的那一部分。如果你这样做了，那么你一定会得到收获，例如获得自我认知，变得正直谦逊，发现自身新的一部分，并促进自身活力的增长。

自我审视主题的其他案例

"被忽略的小狗"——第 1 章

"大潜鸟"——第 3 章

"比特犬咬死了我的猫"——第 3 章

"埃迪朝我开了好几枪"——第 3 章

"打倒两只猴子"——第 4 章

"大个子男人用大头针扎我"——第 6 章

"虫虫鸟"——第 9 章

“双枪男人”——第 12 章

“先下脚”——第 14 章

“奇怪的握手”——第 21 章

第 18 章

脑部主题
梦见错过考试或考试不及格

信息：在某些时候，你由于思维定势作茧自缚，而无法自由选择或感知内心。

诉求：感知内在悬而未决的中立地带，寻找出路。

为何人类即便清楚自己需要何种改变，也难以身自为之？这也是心理学疑难之一。梦境给予我们重要答案，它们通过周而复始的梦境提示出使人感到消极沮丧的困境。这些梦境似乎在告诉我们："这便是你无法身自为之的原因，你似乎深受一种像是无形磁场的力量所影响。"

我将此称为"极限场"，我将极限场定义为限制并扭曲各人的认知、情感反应和自主选择的区域。在解梦中，我发现将极限场描述为三个极限主题，将有助于开展工作。这三个部分极其相似且大部分重叠，但诉求有细微差别：脑部主题要求进行脑部训练，以摆脱作茧自缚造成的限制；家庭主题要求制订行动计划和进行脑部训练，以突破原生家庭带来的束缚；亲密主题则要求改变与伴侣一成不变的相处方式。这一章重点讲述脑部主题。

以下为脑部主题梦境案例。做梦者格兰特是一位事业有成的55岁男性。然而，他受到一个挥之不去的梦魇干扰——被扣留在学校。他称之为“缺课”：

在这个梦中，我老是在上课，常常是数学课——这是大学的入门课程。这门课是否合格是我能否取得下一步学业进步的重要界限。我竭尽全力，但仍无法成功。在梦境中，我仿佛身处地狱边缘，由于这门课无法及格而在学业上寸步难行。

首先，我们需要认识到这类型梦境的重复性到底是具有实用价值的（它能传递出格兰特至今尚未理解的重要信息）或者是毫无价值的（脑部过时僵化的结果）。我通常会这样问：“你是否能想出为何该梦境一而再再而三出现的正面原因？抑或是你不再需要该梦给你带来的感觉？”大多数情况下，做梦者会根据直觉做出回答。格兰特仔细思考了这个问题，并决定摆脱这个梦境。在生活中，他早已摆脱过去带来的束缚，可在梦境中，他仍然陷入时间错位中不能自拔。

在决定从脑部主题着手解梦工作后，我们的目标是帮助格兰特认出他的脑部如何被作茧自缚（包括清醒时和做梦时），并帮助其摆脱束缚。我们在解梦中采取重新进入和探索梦境的方法。我们先请格兰特闭上眼睛，并回溯最近的梦境。他一如既往地感受到焦虑和沮丧，接着我请他保持不动，并意识到自己正处于错位的时间中，现在就是做出改变千载难逢的良机。我请格兰特尝试一种新方法——离开整个场景。他联想自己走出学校，沿着台阶，进入一个新天地。

通过反复尝试，我发现对付类似梦境的最佳方案是在脑海中重陷困境，维持不动，然后意识到这种是可以改变的，随后便穿越改变的大门，将曾经的困境全部关在身后，最后转身离开。逃离某处象征着有希望脱离陈旧过时、根深蒂固的神经网络的禁锢。通常你需要反复想象，说服你的大脑：这种做法是可行的。我要求格兰特一周内每天一次，反复在头脑里想象自己走出学校。在接下来的几个月中，格兰特开始留意到一种模糊的感觉——以往阻挡他进步的绊脚石已经开始移动。近期学校梦境出现得不像以往如此频繁，而当它出现时，格兰特便开始想象自己走出学校。

27 岁的琳达曾就她的健康问题咨询我，但她最为迫切的问题是对自己终将走向衰老以及死亡的重重焦虑。尽管医学上并不能解释她为何如此焦虑，但这个问题始终萦绕在她心头，使她惊慌失措。她告诉我下面这个梦境，我们称之为“抓不住的蜘蛛”：

我和丈夫住在山顶附近。有一天，我感觉一只蜘蛛爬进了屋子，可我翻箱倒柜都找不到它。我发誓要找到它，才得以安眠。一想到蜘蛛可能藏匿于房间某个角落，我便充满焦虑，可我丈夫也找不到它。

琳达梦境里的蜘蛛代表着什么？你当然不可能在解梦词典中查找“蜘蛛”一词的含义（即便如此，用处也十分有限）。显然，对琳达而言，蜘蛛代表非常负面和令人望而生畏的东西。以我的经验来看，当出现可怕的梦境时，就需要考虑以下一系列可能：

◎ 它可能是影子部分——琳达需要拥抱的内心潜在部分。这时梦境的诉求便是鼓起勇气，直面蜘蛛。

◎ 它可能是内置部分——在琳达幼年时被硬塞进灵魂的负面信念体系。这时梦境的诉求便是驱逐或将蜘蛛置于死地。

◎ 它可能是脑部主题——琳达无法控制的负面思维定势。这时的梦境诉求便是训练大脑不去想蜘蛛。

◎ 它可能是身体疾病的提示。这时的梦境诉求便是着重于发现蜘蛛的位置，了解它的危险性，并采取相应行动去解决它。

◎ 它可能是琳达自身的外部问题，例如有如蜘蛛一般的人潜伏在她生活的某一处。梦境可能想警示琳达要严肃看待此事并采取更加积极主动的措施。

除了琳达自己，任何人都难以确认该梦境属于以上何种情况。在我们解析琳达梦境的工作进程中，琳达越来越确信蜘蛛是她对死亡惶惶不安的影射。这种可怕的恐惧感不知如何进入了她内心，让她时时刻刻心乱如麻。这种令人惊恐不已、坐立不安的痛苦可能源于她的一些其他健康问题。琳达不断寻医问药，意欲解决问题和寻求安慰，而这一幕出现在梦境中便是疯狂寻找蜘蛛，将它赶出房屋。但是，就如同在梦境中呈现的一样，谁都无法找到蜘蛛，这种可怕的不确定因素依然存在。

因此，我们把琳达梦境中的蜘蛛确定为脑部主题内容。我们所要对付的便是根深蒂固的精神网络所产生的对死亡的强烈恐惧和不确定性。这便是我们需要治疗的，只有通过治疗才能使琳达得以摆脱恐怖梦境。因此，我请琳达想象走出屋子，离开住处，把门关上，再沿着山坡往下走。琳达一想象这些，便立刻感到如释重负。此前，她从未想过逃离，把所有精力集中在寻找屋内蜘蛛身上。当然，若想彻底治愈，琳达还需多加练习。但即使是这昙花一现的放松都给予她极其宝贵的希望——也许蜘蛛爬到离她远远的地方，她无须再焦虑。

脑部主题的心理动因

根深蒂固的神经网络中出现的梦境形象似乎让人“难以理解”。

其中一些神经已经老化，就像脑中的化石——很早便存在的遗物。它们可能不再具有实用性，甚至产生某种反复失控的思维和重复出现的梦境。这些梦境以清晰而逾常的方式向做梦者展示思维定势是如何作茧自缚的。

而令人惊奇的是，这一类梦境通常会设置以下一些场所，如田地、牧场、草地、商场、庭院、学校及大型公共场所等。当做梦者梦到这些场所时，梦境想要提示的是：你正受到某种特殊环境的影响。琳达案例中的常见梦境场所是：在某个场所蛰伏着可怕而无法找到的生灵，一旦找不出将不得安宁。

新生的健康神经部位可以“取代”老化无用的部位吗？这是心理学和心理治疗的核心问题。我认为是可以的，但这通常要求大量的艰苦工作——要使得新生的更好的神经部位出现，必须经过反复的练习和持续的控制意念，这种训练大脑的方式也是一种名为认知行为疗法（CBT）的核心，同时是大部分意念冥想传统的基石。

大部分脑部主题都能通过其负面信息和重复的熟悉感被辨认出来，一种相同的梦境、感觉或情况已经重复出现多次且次次如此的感觉（“啊！我都难以相信怎么还做这个梦”）。无论童年时上的学校如何，都是我们进行早期脑部训练的场所，所以即使若干年后这种训练的痕迹依然存在并活跃于大脑皮层，也是不足为奇的。关于母校的梦境可能出现并引起你对反复出现的脑部主题的注意，尤其是当该梦境带来一种持续而负面的感觉时。这在某种程度上对家庭和关系主题也同样适用。这些梦境提出的问题是：你是否愿意余生都被这陈旧的思维方式束缚？

脑部主题的显著特征

◎ 回到母校参加考试，毫无预兆地无法通过，由于成绩原因只得延期毕业。

◎ 被关押、监禁、束缚，合同约束，无能为力。

◎ 在火车或轨道上，力场或是迷宫中，走廊或楼梯的行走过程中无法选择方向。

◎ 试图沟通或建立联系，但徒劳无功。

◎ 情绪面临崩溃边缘，极易被极端而错误的情绪浪潮压垮。

脑部主题的解梦建议

重新进入和探索梦境

重返梦境，再次唤醒似曾相识的感觉，然后先原地不动，意识到你可以改变现状，再凭直觉选择正确的行动。你可以在脑海中刻画出一个出口，例如某扇门，打开，走出来，再关上门，最后离开。扪心自问：走出门的感觉如何？是否了无遗憾？是否无愧于心？你是否还想重返旧梦，另辟蹊径？

使用意念强化新的神经部位

一旦找到解决方案，请不断练习，直至该解决方案能被完美实施。神经分路越多，就越能被发现及使用。熟能生巧，我们要充分发掘大脑神经母细胞的潜力。持续告诫自己要另辟蹊径，而不是重蹈覆辙，就像告诫水向下流入被蚀刻的凹槽而非进入附近的渠道。

脑部主题的其他案例

“无法离开草地”——前言

“比特犬咬死了我的猫”——第 3 章

“坐过山车”——第 12 章

“找不到我儿子了”——第 14 章

第19章

人格意识主题
梦见受伤、死亡或谋杀

信息：你的心灵曾遭受重创，自此后不再完整。而现在，治愈良机正浮出水面。

诉求：重组内心孤立部分。

58岁的弗吉尼亚已离婚多年，至今仍未能投入到另一段感情中。她渴望爱情，但在追求幸福时又常感觉窒碍难行。她无法判断这阻挠从何而来，也无法控制。以下是她的一个梦境“两个淘气包”：

梦里我开着车，前夫坐在副驾。我正要转弯开往主街的时候，一个女孩冲了出来。我马上踩急刹车。她扶着自行车挡在车前，直勾勾地盯着我，一动不动。一阵僵持过后，我开始不耐烦了，于是我把车往前开了一点，车头轻轻“触碰”了她的自行车，她便开始大吵大闹，声泪俱下地大声控诉我撞伤了她，引起周围行人纷纷侧目。我只好下车把她拉到旁边的人行道上，让她先冷静下来。我努力克制自己，耐心地询问她的住址。突然，她一分为二幻化成了两个人——一个大概八九岁，另一个才四五岁的样子。大一点的孩子看上去脾气不好，一脸狡黠，另一个则一副惊慌失措、心有余悸的样子。

这个梦一开始的场景（夫妇开车遇到了阻碍）是带有回忆性质的“亲密关系主题梦境”（详见第 21 章）。它在提示弗吉尼亚：这两个女孩面对的问题，就是她通往爱情路上的绊脚石。即便离婚多年后，她仍未能踢开这块绊脚石——在梦境中，两个女孩仍然孤立无援地在街上游荡。这是否到了弗吉尼亚下车帮助她们的时候呢？我认为是的。很快，我发现弗吉尼亚对待这两个女孩总是很不耐烦。当再次回到梦境中与她们对话时，弗吉尼亚感觉心烦意乱。她对两个女孩毫无恻隐之心，这导致她们之间的关系无法取得进展。于是，这便成了我们的着手点。

我告诉弗吉尼亚，请将自己想象成两个女孩中的一个，例如那位年纪稍大的（她对那个女孩特别不耐烦）。渐渐地，她慢慢有一丝认同和同情的感觉。她开始释放情感，对这两个无依无靠、流浪街头的女孩子感同身受。并且她开始觉得，进一步和她们发展关系也未尝不可。她虽然尚不打算领养她们，但是花上一点时间陪伴她们也无妨大体。她还领悟到为什么会出现两个女孩——稍小的孩子曾遭受过心灵创伤，因此内心深怀恐惧和痛苦之情；另一个则是来照看她，这是她当下能得到的最好的照顾了。

其实，那个年龄较大的孩子是弗吉尼亚自我创造的自我保护的象征。弗吉尼亚小时候经历过与父母分离的伤痛，于是在潜意识中创造出这样一个人物保护自己。她很肯定地告诉我，她的创伤源自幼儿时期对父母的依恋不能得到满足。但是在这类梦境中，回顾过去的伤痛难以起到成效，更重要的是想方设法让她的内心得到治愈，并消除阻挡内心愈合的怒火。

下面是一个揭露人格意识方面更为紧急迫切问题的案例。安妮塔最近与一位客户合作不愉快，因此自责不已。然后，她做了这个她命名为“饥渴的恶鬼”的梦：

我正在家中，一件骇人听闻的事情发生在我家地下室。我朋友雪莉遭到恶鬼攻击并不幸身亡。那个恶鬼力大无比、极端危险。它不仅攻击雪莉，还把她碎尸万段。我尝试对此视而不见，希望别人会出手相救，然而并没有。我和祖母团抱在一起，假装熟视无睹。可到最后，我再也骗不了自己了，一定要向人求救。我赶紧去找爷爷，可他年事已高、行动不便，无能为力。我去找父亲，告诉他：“雪莉被杀了！”说完情绪失控、泣不成声。天啊！我永远不会原谅我自己！这时，我惊醒了……

我问安妮塔，雪莉性格如何（这是解梦工作第二步——通过询问做梦者的心理联想了解梦境传递的信息）。安妮塔说：“雪莉单纯可爱、冰清玉洁，是男性猎艳者的梦中情人。”我又问，如果提到恶鬼会联想到什么。她说会想到东方佛教神话传说中那些屠杀生灵、欲壑难填的鬼魂。我接着问，说到碎尸她会想到什么。她说会想到一宗臭名昭著的性犯罪碎尸案，随后她产生了别的联想，自然而然补充了一句：“只要犯了错，无论多么微不足道，我都恨不得把自己碎尸万段。”我请她详细说明，她补充道：“只要我犯错，父亲便会大发雷霆，好像我犯下了无可救药的弥天大错。这时我就觉得自己毫无存在价值。”

这样一来，这个梦境便一目了然了。安妮塔有两个潜在人格，一个温柔善良、弱不禁风，一个严于律己、凶狠残暴（这个人格和父亲的形象重叠，潜伏在内心深处），这个梦讲述的就是残忍人格给温柔人格带来的伤害。安妮塔一直带着这样的矛盾生活着。直到最近矛盾被事情激化，她再也难以忍受。这个梦表面是由近日工作琐事触发（和客户合作得不愉快，并因此深陷自责），但溯其根源必定有更深远的原因。

我和安妮塔都陷入沉思——该如何帮助她修补内心的残缺不平呢？在人格意识主题梦境中，即使梦中人物呈现出死亡的状态，也往往不会彻底死亡。在大多数案例中，只要提供机会让做梦者与其接触，“死亡”的人格就会复活，就像沉睡的白雪公主或睡美人在王子的吻中醒来。安妮塔梦中的雪莉也是如此。于是，安妮塔重入梦境，接触雪莉，并将她复活。我请安妮塔向雪莉承诺，会陪伴和照顾她，因为“团聚”和“爱护”是其他人格最想从做梦者自我身上得到的答案。安妮塔在梦中郑重向雪莉承诺。从今晚后，安妮塔所受创伤将会缓慢痊愈。

我还例行建议她买一个娃娃来代表内心人格中的雪莉。我让她先把娃娃放到家里的地下室，再带出来，在房间里贴身放置一段时间。这个象征性仪式的好处在于，它能防止做梦者又一次忘记梦境带来的心如刀割的惨痛回忆。

在解梦之后的几个月，安妮塔和弗吉尼亚都感觉对自身有了全新认识。她们觉得烦恼逐渐变少，生活愈加开心，活力更加充沛，对未来充满乐观。因此，一旦你觉得自己进入过人格意识主题梦境，请务必在对其他梦境进行分析前先对其进行深入探究。你要做的事可谓易如反掌——与潜藏的人格接触——但绝对让你获益良多。

人格意识主题的心理动因

所谓人格，便是必须有它的存在，做梦者内心才得以完整，才得以全面认识自己、拥有完整的生活经历。如果你曾因心灵受到创伤而与某部分人格分离，你便需要重拾自我。因此，你会常常梦到一些迷途者或是遭弃者，而他们在梦里会向你求助，希望和你产生某种关联。

人格意识主题梦境在生活中司空见惯。在梦境中常以被遗弃的宝宝或迷路的孩子出现。它常给人以辛酸、痛苦的感觉，因为它讲述的是一段导致做梦者与某种人格分离的充满伤痛的经历。但同时，它可能也是最满怀憧憬、积极向上的梦，因为这种梦的出现意味着你的内心正在尝试自愈，你的人格也趋于完整。一旦错过了心理应对机制发挥作用的节点，导致无法与其他人格拼凑，那么做梦者就会遭受离别的钻心之痛，甚至在某种程度上会遗忘这个人格。从此，做梦者不再拥有完整的自我意识和完整的人生经历。此后，做梦者就可能通过诸如人格分裂、幻想、暴饮暴食和购物之类的手段使自己麻木，或通过遗忘自己的一部分生活经历等一连串防御性措施来保护自己。

经历过这种悲痛的人，或多或少都会意志消沉。他们遗失了一部分自我，也相应损失了一部分能量、活力和安全感。他们精神上会更紧张，因为那被遗忘的人格被迫和主人格分开，总会伺机再次出现。英国作家菲利普·普尔曼（Philip Pullman）的"暗黑物质"（His Dark Materials）系列丛书中的《黄金罗盘》（*The Golden Compass*）正是刻画了这种分离状态带来的痛不欲生之感。在书中的科幻世界里，如果一个人被从他兽面人心的状态中分离，心灵将经受撕心裂肺之感，甚至会只剩下意志消沉、行尸走肉般的躯壳。无论何时，这种让人肝肠寸断的痛苦可能冲破自我保护的墙壁，像潮水般再次袭来，导致他们的脑海里不断出现"闪回"的画面，而这也是创伤后应激障碍（PTSD）的特征之一。这种紧张的情绪会产生一个完整的人格意识主题梦境，被遗弃的人格就会以夸张的方式表达自己想融入主人格，想成为整体的一部分。

人格意识主题的显著特征

◎ 梦中出现死亡、惨遭谋杀、受过虐待、严重受伤、饱受煎熬、生病或饥饿的角色（可以是宝宝、小孩、成年人、动物或植物）。

◎ 产生一种失落、痛苦、孤独、悲伤的感觉。

◎ 出现一个遭人遗弃的宝宝、小孩或动物。

◎ 出现孤儿或与孩子分离的家长。

◎ 突然意识到此刻你应该在照顾一个宝宝、小孩或动物。

◎ 出现两个迷路的小孩，且年纪一大一小。

◎ 出现某个物品的碎片。

人格意识主题的解梦建议

重入梦境、重新探索

如果你梦到一个受煎熬、迷路、受伤或是已死的角色，你要首先拷问自己：这个角色是我人格的一部分吗？我是不是和自己潜藏的人格相遇了？如果你感觉这个角色能影响你的心理活动，那就说明事态已经相当严重！应该如何处理？首先要记住，你不需要知道这个角色代表了你哪个人格，或是代表你人生中的哪一段经历，因为这些在往后自然而然会被揭晓。你目前的首要任务就是帮助这个痛苦的角色。请你通过想象回到梦中，接近那个角色，尝试将其带走，予以拥抱和关爱，满足其需求。如果你能够做到这些，说明你开始与其重新建立联系了；如果还做不到，就说明还存在着某些阻碍有待确认和解决。

如遇障碍，请充分探索

人格意识主题梦境往往会表现出典型的动态/阻碍模式，即做梦者渴望和梦中的角色建立联系，这时会突然出现一些障碍来阻止双方。在第27章的梦“尤里/阿里（Yuri/Ari）”中，那个冥顽不灵的父亲是个阻碍。在本章引用的第一个梦境“淘气包”中，弗吉尼亚的烦躁不安是一个阻碍。在这种梦境中，做梦者通常非常清楚，并执着于指出“事件甲要发生，必须先发生事件乙”这样的条件关系。通常，这会让做梦者产生两种反应，一种用来建立联系，另一种用来解决障碍。

人格意识主题的其他案例

“被忽略的小狗”——第1章
“漂浮的死婴”——第11章
“无皮婴儿”——第12章
“冰箱里的婴儿”——第13章
“救救我吧”——第24章
“尤里/阿里”——第27章

第 20 章

家庭主题
梦见父母、兄弟姐妹或儿时故居

信息：你仍然受到原生家庭的束缚。

诉求：意识到原生家庭对你的束缚并做出改变。

家庭主题和脑部主题有异曲同工之妙。它们都扎根于你脑部深层处可被激活的神经领域，也是这片神经领域的忠实反映。不同点在于，家庭领域不仅仅存在于你身上，也扎根于你整个原生家庭中。家庭是指你的核心家庭和大家庭的一个共享领域，某种程度上是指你的整个家族（拥有共同身份和价值观的文化共同体）。只要接近原生家庭，家庭主题就会被激活。

下面我们以 31 岁的本的一场名为“火熊”的梦来举个例子：

我在一间坐落于我儿时居住小镇的屋子里，但我没认出来。屋子里有两个面目可憎的电视体育节目播音员正在盯着我，朝我放出了一头“火熊”。毫无准备的我一脸茫然，只见一只浑身冒着火焰的熊从拐角走出来，进了起居室，笨重的身躯朝着我慢吞吞、步伐稳健地逼近。而且凡是这头熊撞到的东西都会燃烧起来。我连忙跑了出去，好让两位播音员想把我困在屋子里的阴谋落空。我跑到了屋子外面的一个小院子里，这里看起来人生地不熟。可这个院子所在的房子又是我幼时很多朋友居住的地方，我曾经在这里玩耍。所以，我就藏在了这个后院里。我看到那两个面目可憎的播音员带着那头火熊在大街上肆意破坏。这时，有三只白色的独角兽跑进了后院朝我奔来。从它们的双眼中，我既可以感觉到它们内心的恐惧与不安，也可以感受到它们对我的拳拳爱意。我们一起躲了起来。然后，我抬起头，看到邪恶三人组进了后院，朝我们走来……

后来我只记得我们回到了原来那间屋子。那三只独角兽的头被钉在了墙上的牌匾中，另外还有其他两个我看不太清楚的牌匾，虽然难以辨认，但我仍能感觉到这是其他被他们杀害的动物或者人。播音员再次把那只火熊放出来抓我，火熊再次朝着我逼近，但这次我却难以逃生。虽然我深知我有能力从火熊面前逃脱，因为它们身体笨拙、步伐缓慢，但此时所有门窗都被锁上，我被困在屋内。于是，我跑到了厨房，看到了我现在所在学校里的一个朋友正在洗碗。她不停地鼓励我，为我加油，希望我能逃出来。这时，我注意到厨房里有一扇通往露台的玻璃门（和我儿时屋子一样）。这扇门开了一条大约15厘米宽的缝。我试图打开，但是门却被卡住了。我竭尽全力地想要从门缝里挤出去。透过门缝，我看到门外有一大片郁郁葱葱的宽阔田野，可以让我肆意逃命。可是，我总是差那么一点没能挤出去。邪恶三人组就在我的身后。我被吓得六神无主，然后从梦中惊醒。

考虑到该梦境的背景是儿时故居，我将此设定为家庭主题梦境。因此，接下来急需解决的关键问题在于，那只火熊是内在形象抑或外在形象的化身？若将其看作内在形象，它更符合影子人物的特征，因为一开始它会让你惊慌失措，但一旦正面交锋，又会展现积极向上的一面。这也是本的第一感觉，认为火熊属于影子人物。因此，我们首先按照这种假设进行分析。

我们团队想方设法让本代入角色，“成为那只火熊”。他随即列出了火熊的一系列潜在优点，但是我们总觉得似乎有不妥之处。因为看上去好像他已经提前调查过火熊的优点，并把这些优点强加在了梦中的火熊身上，这一过程过于刻意，而并非自然而然地认同它。以此看来，梦境带来的能量并未被吸收（这通常表明中心主题还未被识别）。因此，我们把对火熊的定位从内部转向外部。

我认为我们正面临的可能并非影子主题，而是家庭主题，并基于此建立了关联。“如果该梦境是指出你原生家庭中存在的一些问题，那谁会是那只火熊呢？”本很快反应过来，火熊是在映射他童年时期最具煽动性的人物——母亲。突然，梦中的能量被加以识别，我们现在总算步入正轨。该梦境所带来的诉求终于呼之欲出：该梦境要求本找到逃离屋子的生路，这正是他竭尽全力达成之事，但是在梦境结束时也未能实现。影子主题梦境会要求你鼓起勇气直面威胁性人物，这与该梦境的目的是截然相反的。

这个梦境给本提出了几个警告。身躯庞大的火熊，充满攻击性地笨拙逼近，邪恶三人组出现而导致一对三的危险局势，三只独角兽已在这间屋子中被杀害等等不良预兆，都在暗示着这间屋子对本来说早已危机四伏，因此其原生家庭和故居在某些重要方面对本而言仍有一触即发的威胁性。此外，这一切也在警告本不应该通过逞英雄和挑战母亲权威的方式解决家庭矛盾。本应离开家庭，在其他地方发展壮大、提高能力，然后在他足够强大之后再回到这里改变原生家庭，可绝非现在这个不成熟的时机。因此，我们的主要目标是逃离。这么一来，到底是什么在阻碍本打开门逃脱呢？这或许才是本现在急需解决的问题。

我再举另一个家庭主题梦境的例子。丽塔是一位40岁的意大利裔加拿大妇女，她向我咨询并请求我帮助她治愈抑郁症。丽塔认为自己的抑郁症主要来源于三个问题：充满压力却无法带来满足感的工作，生活伴侣缺失，父亲近期去世而引起无比烦躁的空虚感。丽塔的父亲有嗜酒问题，生前他们之间的关系不甚融洽。她告诉了我她做的一场叫作“修补黑围裙”的梦境：

当时我正在床上，躺在一个男人怀里，但是我无法看清他的脸，只能看到他的胸膛，我们紧紧依偎，我感觉很有安全感。这时，我的父亲敲门想要进来。他看上去垂头丧气，我让他进门。开门的时候，我让这个浑身赤裸的男人藏在门后，不想让父亲知道有男人在我屋里。父亲进来后不停地在四处寻找着什么，他看上去心烦意乱，沮丧不已。他找到东西后，走出房间，我就跟在他的身后。我们走到另一个房间，父亲走向我的一个年纪颇大的表姐，然后站到她的身边。这时，表姐递给我一件围裙，这是我外祖母的黑围裙。这件黑围裙破破烂烂，我心想，我需要一根针来修补它。于是，我看到了一根针……硕大无比。我拿着那件围裙，心想“这根针太大了，我没法用它修补围裙，我要去找一根细小一些的针”。然后，我就醒了。

解梦者：关于你祖母的黑围裙你有何联想？

丽塔：很压抑，外祖母生了很多个孩子。她是一个家庭主妇，就像是所有人的奴仆，完全丧失自我，没有个性。在外祖父的葬礼上，她就穿着这件黑围裙。

解梦者：把这件围裙交给你意味着什么呢？

丽塔：让我成为那样的人？那么我将成为行尸走肉。

丽塔这样的梦境屡见不鲜。梦境显示她的精神世界正发生着积极的变化，随后有一些事情出现，阻碍着这一令人欣喜的变化。梦境中也显示了，丽塔最近一直在试着相信男人并建立亲密关系（在梦境初始她安然躺在男人怀里）。这是一个好势头，但随之而来发生的两件事却阻碍其发展：第一，父亲闯入；第二，她收下了黑围裙。父亲闯入这一点很容易理解。即使在其去世后，丽塔的父亲仍然一直在干扰着她的内心，妨碍着她与其他男人正常发展感情。换言之，她因为总觉得男人都会突然变得像自己的父亲一样行为处事，所以始终无法彻底敞开心扉。

接受黑围裙这一点有一些难以揣测，但丽塔的联想为我们拨开了迷雾。她透过这件黑围裙联想到祖母受到压抑的个性。从小在有着意大利传统观念的家庭的生活经历，使丽塔认为自己作为女人，天性也必会受到束缚。这是一个家庭主题梦境的完美事例，它展示了做梦者幼时的旧时观念和信仰体系对其产生的深远影响。丽塔虽不再泥古守旧，但这些陈旧观念仍然对其潜意识有着无可撼动的影响力，限制着丽塔对恋爱关系的看法和抉择。在这次谈话的最后，丽塔领悟到，若想恋爱生活一帆风顺，她必须先解决这两个问题。

家庭主题的心理动因

我们所有人都在某种家庭环境中成长。大多数人成长于同心家庭环中，这种同心家庭环以核心家庭为中心，朝着外部的大家庭、社区、宗族团体以及文化氛围蔓延。每个家庭环都对孩子施加着或好或坏的影响。在孩子们羽翼丰满后，其个性迫切需要得到解放，于是就可能需要摆脱这些早期的家庭影响。他们过去曾经接受的观念，现在可能会令他们感到身不由己、难以忍受。

因此，家庭领域可以被定义为一种束缚型领域，不仅对你个人性格形成造成影响，也会对整个家族的集体心态造成影响。正如其他类型的束缚型领域，家庭领域发展于幼年时期，并可对人们感知、感受和回应世界的方式造成严重的扭曲。这些扭曲心理的产生通常不是因为你目前所处生存环境，因此正常疗法对其毫无效果。这些扭曲心理无法用正常疗法治愈的原因之一在于，无论何时你只要一旦接触到原生家庭中的某个成员，束缚型领域就会再次浮出水面。即使你已经在自我成长的旅程中和发展个性化的进程中有所进步，当你再次回到原生家庭集体中的时候，你仍然会受到巨大影响。你会时常感到自己幼稚天真，丧失自信，容易被一些其他环境中无关紧要的事情无端激怒。

很多人害怕他们成为自己父母那样的人，因为他们可能遗传到了一些负面特性，而这些负面特性有可能会让他们的孩子切身经历他们曾经的痛苦。这种担忧通常源于在梦境中清晰映射出的、由家庭产生的深远而消极的影响。通过分析家庭主题的梦境，我们可以减弱原生家庭给他们带来的影响，甚至为亲子关系的可能性开辟道路。

家庭主题的显著特征

◎ 梦境背景是你儿时故居或邻家。

◎ 梦境主要角色为你的父母、兄弟姐妹，或是原生家庭中的其他人物。

◎ 一个梦境里出现家中两代或多代人。

◎ 自我感觉幼稚，不成熟，过分敏感，易被激怒，丧失自信。

◎ 来源于原生家庭的臆断与角色不容置疑。

家庭主题的解梦建议

不论在梦境中，还是现实世界中，家庭所产生的影响通常都难以发觉。正如鱼对自己生活环境是水这一事实一无所知，我们通常也意识不到从孩童时期起就持续存在的影响。即便深受其害，但因为从小生活其中，我们依然无法感知到它的存在。对此，我的建议是：无论何时，只要你做了这样一场以你的原生家庭成员为主角，并发生在你儿时故居的梦，你应当先考虑一下，这是否是家庭主题梦境。通过你家庭成员的所作所为，这个梦境想要告知你什么？你的原生家庭是如何影响你的？你想要减轻或者彻底摆脱这些影响吗？

想象寻找逃离家庭的方法

本做的那场"火熊"梦境为他提供了两个解决方法——第一，改变整个家庭不仅改变自己，还有其他重要的家庭成员和家庭文化；第二，先努力摆脱家庭带来的巨大影响，使自己能够在一个安全的范围内自我成长。在分析完这个不同凡响的梦境之后，本选择了第二条路——逃离。家庭所产生的影响可能是无比巨大的，并且它会通过近距离接触进一步扩大影响。大多数人需要离开家庭自我成长，等到万事俱备之后再回到原生家庭。

我和本一致认为，他的原生家庭影响力过于巨大，在这样的情形下本无法自我成长，因此他的处理方法应专注于摆脱家庭影响。本想象中的方法是设想能够从玻璃门缝里挤出去，然后关上门离开。以我过往经验看来，如果给出清晰的选择，大部分做梦者都会选择逃离。本的直觉（梦境中曾清晰呈现出的）告诉他，其家庭影响力过于根深蒂固，严重挫伤了他的精神世界。暂时离开家庭并不代表着本抛弃家庭、放弃家人，而是意味着，他将在离开家庭之后的人生旅途中逐渐丰满羽翼，完成自我成长。

家庭主题的其他案例

"乔治、布里塔妮、托尼和我"——第 3 章

“大个子男人用大头针扎我”——第 6 章

“家庭被提”——第 12 章

“又长又浅的坟墓”——第 14 章

“钥匙和铁钩”——第 14 章

第21章

亲密关系主题
梦见前任伴侣

信息：你和伴侣相处的方式过于一成不变，阻止了你感知和体验这种关系中出现的新气象。

诉求：打破墨守成规的人际关系。

当我们与伴侣出现冲突时，一些人倾向于把过错都归咎到对方身上，还有一些人对自己求全责备，而将伴侣置身事外。一个关于共建亲密关系的好梦是现实的最佳反应，它可以就这种长期病态模式是如何出现的给予双方反馈。任何反复出现且带来消极感觉的梦境，只要是关于现任伴侣或前任某位重要伴侣的，都极有可能属于亲密关系主题。这些梦境描述的是关系双方陷入僵局。他们会给予双方双重反馈："你伴侣是这样的，而你是那样的，也许你们都应该尝试改变。"因此，解梦工作在给予做梦者建议的同时，也应该对其伴侣给出建议。根据梦境而要求伴侣做出改变合乎情理吗？若它是亲密关系方面的梦境就绝对合理。

30岁的女性宝拉，讲述了她称之为“被绑架”的梦境：

我亲眼看到一个男人绑架一个女人。我拼命想要去救她，他背对着我，居然把她带走了。我难以接受，变得歇斯底里。我用力拍打他，但无济于事。我撸下他的戒指，随后他离开了。后来，我把整个经过都告诉我老公布莱恩。我们都害怕那个人会回来，因为他的戒指在我手上，他可能会伤害我们。我们必须时刻防备着……

根据宝拉的伴侣布莱恩出现在梦境中，并且梦中主人公产生了强烈的消极感觉，我判断这是亲密关系主题。宝拉非常担心绑架者会再次出现，伤害他和布莱恩，这种担忧恰恰表明绑架者代表了一个威胁他们之间关系的问题。然而，绑架者是内在还是外在人物？宝拉认为，他很可能是内在人物。由于该梦自然联系到内在情感，于是我问她：“在你的生活中，何时经历过这种歇斯底里的感觉？”她回答说：她在处理与布莱恩的关系时出现过这种感觉，当时她感觉布莱恩要把她拒之门外。而该梦境的含义便是：当布莱恩对她置之不理时，她就像被绑架一样感受到歇斯底里的情绪。该梦境诉求亲密关系中的双方都做出反应。对于布莱恩而言，他需要格外小心他对宝拉置之不理的行为将会对她产生举足轻重的心理影响。而对宝拉而言，她需要意识到自己被一种极度强烈的情绪状态所绑架，并需要自力更生找到一种“找回自我”的方法。

以下是亲密关系主题的另一个例子。61岁的伦纳德和妻子德博拉已结秦晋之好近30年。伦纳德做了一个被他称为“奇怪的握手”的梦：

我和妻子德博拉正开着车。可突然间我们陷入了棘手的境地，似乎无法逃脱。我尝试开上一条布满岩石的泥泞山路，却开不上去。接着，我尝试朝一个方向倒车。德博拉建议我往其他方向倒车试试。心慌意乱、焦虑万分的她连忙下车，却不慎滑倒在地上。这时农场主人从谷仓里朝我们走来。他看上去来者不善，果然，他与德博拉进行了奇怪的握手，他用右手食指抓住了她的手掌。德博拉感觉心里不舒服，却毫无招架之力。这时我尝试了解如何与他打交道，所以我们就泥土开起了玩笑。但是，除此之外，我们不知道如何摆脱该困境。

梦境伊始是伦纳德对目前与德博拉之间关系状态的隐喻描述。梦境指出，伦纳德容易使自身陷入囹圄（车子由他驾驶），而他唯一的解决办法仅仅是徒劳地来回行驶。现在德博拉和他的关系陷入僵局，德博拉心烦意乱地下了车。伦纳德把这与德博拉经常在他进退两难时对他的情绪置之不理联系起来。而现在梦境出现新的人物——来势汹汹的农场主。我们感觉到，这个人物在产生和维持亲密关系领域发挥重要作用，因为他“拥有”梦境中让夫妇进退两难的场地（浩如烟海的极限场梦境，包括亲密关系领域，实际上都在场或类场设置中发生）。

现在我们必须考虑内部/外部导向——土地所有者到底是伦纳德的一部分（内部）抑或是第三方破坏关系的人物或力量（外部）？我强烈怀疑这是一个内在形象，并请伦纳德想象他就是农场主，看能不能感觉到某种识别和认同感。他最初有些许抗拒心理，但逐渐感觉到他有时确实表现得咄咄逼人。他内心当中的一部分（并非完全有意识）想要控制妻子，使得她焦躁不安、毫无招架之力。正是他这种行为使得双方关系停滞不前。因此，梦境的这一方面可以被理解为自我检查主题——要求伦纳德认识到自我立场的问题，并尝试做出改变。

经过讨论，我们同意做出更为直接的反应，即直接在脑海中想象离开来势汹汹的农场主的势力范围。伦纳德想象和德博拉一起回到车里，采用更为有效的工具，驾车离开。要记住，你所做出的这种反应对实现目标的重要性。因为在亲密关系主题中，只有双方共同的目标才可以使问题迎刃而解。因此，当设计想象练习时，需要将这点铭记于心。

亲密关系主题的心理动因

亲密关系主题是梦境中经常出现的极限场之一。我将极限场定义为限制并扭曲人的认知、情感反应和自主选择的区域。亲密关系主题的发生牵涉到你大脑中的关键领域、伴侣相应的脑部领域，以及彼此契合而成的共享领域。这些区域效应无论好坏，都将与长期关系形影相随。在某种程度上，它们消极且受限，它们往往呈现一类梦境，该梦境着重强调问题并提出疑问："这是你的关系中反复发生的僵局，你希望有所改变吗？"俗话说得好，一个巴掌拍不响。关系主题梦境恰恰展示了双方都还意识不到的关系状态。

正如脑部主题一样，我们需要注意梦境中设置的场景，它可能在提示：你正受到某种特殊状态的影响。在伦纳德"奇怪的握手"这一梦境中，该状态便是当你身陷囹圄，做着徒劳无功的努力时，德博拉怒火丛生，并弃你而去，而这种行为反过来又激活了你潜意识中让她焦躁不安、无力招架的部分。

这些梦境通常也会为原生家庭是如何影响当前关系提供重要信息。在第 20 章中讨论的丽塔"修补黑围裙"的梦境就是一个案例。这个梦境的开端表明，由于丽塔受父亲的影响，她无法在恋人的怀抱中彻底放松。在精神分析学术语中，我们可能会说丽塔的恋父情结妨碍了她建立健康恋爱关系的能力。

而一再梦见前任伴侣又如何解释呢？30 岁的爱丽丝即将与迈尔斯步入婚姻。她多次梦见前任恋人，百思不得其解，因此想了解其中含义。这便是她的梦境——"婚礼前三周"：

距离我和迈尔斯婚礼还有三个星期，杰克（前男友）重新出现在我的生活中。他对我而言依然具有强烈吸引力，因此我告诉迈尔斯我需要探清心意，与杰克聊聊。迈尔斯爽快答应了，似乎没有心存芥蒂。

于是，我重新和杰克出去约会，虽然我一开始很兴奋，但随后便被无聊的气氛包围，我们根本无法进行深层次的交流。我开始重新考虑我的抉择。随后我意识到，天啊！！我到底在做什么？居然为了杰克这个家伙，离开了我的如意郎君！这时我心里万分希望没有因此伤害迈尔斯。我想和迈尔斯重修旧好，可现在他很沮丧、低落。我十分担心我们的关系就此毁于一旦。

当我们讨论梦境时，爱丽丝留意到了这个反复扰人心神的梦境主题。实际上，在她的许多梦境中出现的不仅仅是杰克，还有其他前男友们。这与她在现实生活中不悦纳自己有关，她总是喜欢将男友们进行比较，做着有关前任们的各种白日梦，并总是怀疑是否选错了人，换一个人会不会更好。经过讨论，我们建议她强化梦境中的已经发生的苗头，也就是想象着停止内心的比较和猜疑，而下定决心与迈尔斯维持一段当前稳定的关系。迈尔斯在这个关系领域的角色是什么？他是否有责任共同解决这个问题？爱丽丝梦中一个有趣的细节在于：他并不因未婚妻要与旧爱重燃爱火而焦躁不安。为何？随后我们也知道他确实沮丧低落，可为何他在梦境伊始没有表达这种情绪呢？这又做何解释？我请爱丽丝思考这其中的可能性，并建议她甚至可以尝试与迈尔斯分享梦境，并询问他的想法。毕竟，她因为梦中可能存在的威胁而犹豫不决还是情有可原的。

亲密关系主题的显著特征

◎ 显示你和你现任伴侣处于困境的梦境。

◎ 反复出现前任伴侣的梦境。

◎ 显示原生家庭成员与现任伴侣的梦境。

亲密关系主题的解梦建议

认识和强调

你的首要任务是认识到关系领域的存在及其影响。留意关于你和伴侣处于困境的梦境的任何描述。你应该扪心自问：这个梦境描绘的是一个我们都被卷入其中的磁场吗？它对我们有何影响？我们能做些什么呢？

重新进入和探索梦境

通常，梦境为关系双方提供审视和反馈的机会，所以，最理想的莫过于双方共同参与、共同回应。在思维层面，尝试寻求双方共同解决问题的方案。从你和伴侣的常规反应着手。

尝试与伴侣共同分享梦境

你会与伴侣分享梦境吗？这是否取决于做的是什么梦？许多人从未考虑过分享梦境，但在亲密关系主题中，分享的经历将会妙不可言。若你尝试这么做，就表明你邀请伴侣进入你的内心世界，将他们囊括于你的自我发现过程中。建议：在你倾诉梦境后，先别急于说太多自己的看法，而是询问伴侣的想法，这会让你体验到双方一起努力去理解彼此的信息。

亲密关系主题的其他案例

“在泳池里脸朝下”——第 3 章

“飞纸航行”——第 3 章

“两个淘气包”——第 19 章

“修补黑围裙”——第 20 章

第 22 章

>>>

心理投射主题
梦见某物质塞入或置入体内

信息：在你的精神世界中存在某种来自过去的外界事物，现在你想移除它。

诉求：确认自己精神世界中的外来部分，强化自己的意志，将其削弱或彻底消灭。

你是否梦到过自己体内存在某种外来物质，诸如寄生虫、蠕虫、昆虫、虫卵、移植器官、植入芯片、脓包、子弹之类？这种主题梦境其实极为寻常，且往往伴随着胆战心惊、深恶痛绝之感。它意味着，在你的精神世界里存在某种外来影响。这种影响由来已久，可你从未真正将其接纳，使其成为你的精神世界不可或缺、根深蒂固的一部分。外界事物会导致人类产生相应的心理投射。若孩子在成长过程中受到辱骂、虐待（遮掩伤痕），被强迫学习；其个人行为、信仰、道德准则、价值、宗教选择等自由受到限制，且长期浸润在谎言、教条中，也会产生相应的心理投射。

下面这个心理投射主题梦境来自38岁的海蒂，她将其命名为“蛇与球”：

梦境发生在我家卫生间，那里三面墙上铺满了镜子（注意，这个梦境中四处都是镜子）。该梦分为两部分。第一部分是关于蛇的。好几条大型蛇形生物，扭动身躯从我的脸上钻出来，掉落到水槽中。它们粉白相间，乍一看像蠕虫，但体型又硕大无比。满怀好奇的我凑近水槽仔细观察，发现它们原来是蛇，眼睛黝黑，其中一两条还吐着蛇芯子。它们在水槽里蜿蜒曲折地蠕动着。梦境切换到第二部分。我的左脸颊出现一个硬币大小的洞，从那个洞里我挤出了好几颗又大又圆的球状黄色脓包，具体数量我记不太清，至少有两三颗。它们由亮黄色胶状的脓水组成，所以呈现出浑浊的半透明状，但我能确定它们是球状的，是完美的球体状！而我正将它们从我的左脸挤出来，从左脸上那个硬币大小的洞！一挤出来，它们就飘浮在空中。同时，那些蠕虫般的蛇还在水槽里来回扭动。

解梦者：在梦境最后，你看着那些悬浮的小球时，心理感觉如何？

海蒂：我感到极度恐惧和厌恶，但也有获得解脱之感……看到那些从我脸上挤出的小球，我甚至感到一丝欣喜，因为它们不是不规则的形状，而是完美的球体。总的来说，我既感到厌恶又觉得解脱，还有一丝惊奇。

梦境发生在海蒂家的卫生间。卫生间可以有多种用途，梦中所指是哪一种呢？根据“四处都是镜子”可以推断，指的应是“审视自我”的用途。“蛇从海蒂脸上爬出来”暗示这是心理投射主题梦境，突出“镜子”和“脸”，说明我们要处理的问题与她的外表有关，可能是海蒂对自己相貌的看法，也可能是她向世界展现的个人风貌，例如她的自我展示和个性特征等。另外，值得注意的是，梦境中出现了不止一条蛇，这是否意味着她对自己相貌的看法一直受到多重外界投射的心理影响呢?

蛇从海蒂脸上爬出，掉落到水槽里，说明她对自己的精神世界有深刻认识。然后，这还有后话：那便是梦中球状脓包从她脸上排出。这些脓包、压缩感以及海蒂对球状脓包病态的喜爱，在心理投射主题梦境中都是寻常可见的。但是，在我向海蒂询问关于球状脓包时，她说了一些意料之外又耐人寻味的话：“它们像令人害怕的魔法，既令人望而生畏又让人神魂颠倒。”我问海蒂，她会把这种感觉与现实生活中的什么相联系，她答之以自己长久以来坚持的信念：苦难和深渊是她发挥创造力不可或缺的一部分。她说：“我总是将自己遭遇的痛苦浪漫化，甚至害怕有一天自己不再痛苦。”又补充道：“那些魔法般吸引我的小球带来的就是这种感觉。我既不希望它们存在于体内，可又害怕失去它们。”这番话便解释了海蒂的整个梦境。从梦境分析角度来说，这段话有两个较为稀罕的特点：逻辑性强、情感真实。接下来，我们将引导海蒂除去梦境中的蛇，但暂时保留那些小球。在想象的场景中，她毫不犹豫地把蛇冲到下水道，又把悬浮的小球收集起来，装到玻璃瓶中。她确定自己不想那些球回到脸上，但她想将它们保留一段时间，感受一下体内没有它们的生活。

心理投射梦境不仅由虐待和残忍而生，在良好的家庭和学校教育环境下成长也可能产生，以下梦境就是范例。帕蒂在40岁的时候怀孕了，她非常高兴。她将自己的梦命名为“穷追不舍的鲨鱼”：

浓雾笼罩，天色渐暗。我和男友相约去我父母家的湖里游泳。游了一会儿，我们就在岸边的小石滩上散步。突然，一条鲨鱼紧紧跟着我们，吓得我们魂飞魄散。在这危急关头，我从水里抓出另一条鲨鱼，徒手将其碎尸万段，试图警告那只追击我们的鲨鱼“再穷追不舍，这就是你的下场！”但它丝毫没有胆怯退缩，仍冲向我们。我向房子飞奔，以为自己马上就进入安全地带，但是那条鲨鱼依然紧跟在我身后，似乎合上嘴就能咬到我。我惊醒了……

一开始，我对这个梦的场景感到既惊诧又困惑。因为那是她父母家的湖，是她自幼玩耍、戏水的地方，湖中也绝不可能出现鲨鱼。按常理而言，一个暗含某种问题的梦，如果发生在做梦者童年所处的环境中，就说明我们要处理的问题与做梦者在那段时间、那个地点的经历有关，并且该问题直到现在也未解决。于是，我问帕蒂为什么梦境会发生在那里，她回答说：

其实那个湖带给了我许多欢乐，但时至今天，我在湖里游泳的时候，仍会担心被鲨鱼袭击。那是因为在我和哥哥还小的时候，妈妈为了防止我们私自去游泳而出现溺水意外，骗我们说湖里有“鲨鱼”。这当然是骗小孩的伎俩，但当时着实把我吓得魂飞魄散，以至于至今游到湖水深处时，我仍会害怕。

在帕蒂为我们填补了背景信息的空白后，可以看出我们面对的也是一种心理投射主题梦境——童年时期，外界因素带来的有训诫意味的恐惧感深深植入小帕蒂的脑海，而现在这种感觉被重新定义为外来的、虚假的。我请帕蒂做出假设——假设梦中的鲨鱼是她母亲从小对她强行植入的恐惧感的化身。帕蒂认为该假设合情合理，并补充道：“我认为我丈夫也出现在梦里是因为我怀孕了，因此我们应该共同面对这段回忆。我既不想保存这种惨痛的回忆，也不想把这些恐惧感传给腹中的胎儿。”这在我听来合情合理。我之前就注意到，孕妇或者想怀孕的女人，常常会在潜意识中进行“精神大扫除”，仿佛她们想在新生命诞生之前抛弃过去的包袱，清除过去不美好的东西。

我问帕蒂是否现在就想抛弃对鲨鱼的恐惧，她给予我肯定答复。于是，我请她想象自己回到梦中，回到鲨鱼在身后穷追猛打、千钧一发的状态。然后聚精会神告诉自己，这并不可怕，接着转过身直面鲨鱼。她轻而易举地做到了。这时，鲨鱼似乎变得不再可怕。她说："我现在正面对着鲨鱼，它化身为一位一口浓重英音的英国绅士，用鱼鳍当脚直立行走，它说它只是我想象力的产物，是我内心的一部分，而我不需要害怕。"

我问："对你而言是内心积极向上的一部分，抑或只是你想舍弃的童年影子？"我如此提问的目的在于，确保没有错误定位主题梦境。更具体地说，我想确定鲨鱼在这个梦境中不是影子主题梦境中的"影子人物"（内心被遗弃的、不为人知或受压抑的潜在部分，现在靠近做梦者以寻求认同和接受）。鲨鱼的确表现出影子人物的两个显著特点：第一，以令人望而生畏的形象出现，且不断追赶做梦者；第二，与做梦者直接接触时又化身为比较正面的形象。

帕蒂的回答很直白："我没有从它身上感受到任何积极的能量，我认为它还是那条以前追赶我，给我带来影子的鲨鱼。它是我幻想的化身，留着它对我没有任何好处。"现在我们可以将其作为心理投影放心大胆地处理鲨鱼的问题了。我问她想不想测试一下，看看这次的想象练习能否改变她内心对鲨鱼的恐惧，是否愿意与这位"友善的"鲨鱼先生在湖里共游。

好吧，虽然还是有些吓人，但我可以试一试。现在我游到深水区了……我看不见它，但仍能感受到它的存在，它似乎在水里保护着我。我感觉身心都卸下了防备，在湖里可以完全放松，湖水也因此成了我的最佳治愈场所。

我请帕蒂保持这种在水中完全放松、毫不畏惧的感觉，并且在接下来几天反复进入这个梦境中，让身体和感官强化并铭记这种焕然一新的感觉。如果下一次在湖中游泳时，还有类似的恐惧感，她也可以再次开展想象练习。

我把帕蒂梦中的鲨鱼称为“半心理投射”。因为她知道鲨鱼是不存在的，已经把这种外来物从自己的精神世界移除了，但每次在湖水深处游泳时，那种恼人的恐惧总会再次浮现，并死死纠缠。因此，她还要努力彻底消除对鲨鱼的恐惧。

梦境中，帕蒂通过杀死另一条鲨鱼去威胁那只紧追着她的鲨鱼又做何解呢？这指的也许是她从前与恐惧做斗争而最终以失败告终的那些徒劳的努力，包括通过自我肯定来暗示自己（例如不断告诉自己“我不怕鲨鱼，我不怕鲨鱼”）。这是一种通过否定事实和虚张声势从而改变自己的感受的方法。根据我的个人经验，在处理具象化的恐惧时，梦境解析往往比自我肯定法更有效，因为梦境为做梦者提供了一个具体、实时的场景，让其直面恐惧，而不是简单地通过自我肯定来逃避。人们常说的大白话“直面恐惧”，是很有智慧的。

心理投射的种类有很多。帕蒂面临的恐惧心理投射是其母亲出于某种原因刻意灌输的。虽然出发点是好的，但从长远计，会给帕蒂带来负面影响。其他类型心理投射也有其特定目的，最常见的就是为了约束、规范孩子的行为。人脑的性质和运作方式决定了儿童非常容易受到这类心理投射的影响，也决定了它是我们“习得”自身行为的一个重要模式。再引用一个与鲨鱼有关的例子：你知道在观看了电影《大白鲨》后，有多少人谈“鲨”色变吗？电影让他们感觉心有余悸，在日后许多和鲨鱼有关的场合里都提心吊胆。

心理投射主题的心理动因

心理投射主题梦境源自内心和外界的重叠地带：做梦者内化了某

些外在事物，却没有完全吸收。我们知道，梦境中有诸多角色是由做梦者内心和外界共同作用产生（详见第 12 章），在心理投射主题梦境中尤为如此——那些角色体现了自我意识和外界事物的双重影响。

根据外界事物对做梦者精神世界的影响程度，我将心理投射梦境分为四个阶段：第一，梦到令人惶惶不安的或最近出现的外界事物；第二，梦到外来物存在于体内；第三，梦到自己正试图驱逐外来物；第四，梦到外来物不存在于体内。梦中的画面在不同阶段也会有所不同。比如，在海蒂的梦“蛇与球”中，蛇处于阶段四，而小球处于阶段三；帕蒂梦中的鲨鱼一开始处于阶段一，后来她通过想象练习，成功将其移至阶段四；在尤兰达的梦“机械蝎子”中（见第 14 章），蝎子处于阶段四，但是尤兰达担心它会回到阶段二。

心理投射到底是怎么产生的呢？从小我们就面对来自各个方面的影响——父母、兄弟姐妹、朋友、老师、媒体、社会、宗教等等。孩童时期的我们，思想不成熟，极容易受到外界影响，因此往往会主动消化、吸收可理解的信息，而这些信息就是我们日后构造精神世界的基石。如果遇到无法消化（运用消化系统来比喻）的信息怎么办呢？我们会选择拒绝接收，以及斥之体外。若此时家长或老师将这些信息像“填鸭式”强加给我们，便会产生心理投射问题（第一阶段）。

那些外界事物对心理的影响始终存在于我们的精神世界中，慢慢成为个性和自我意识的部分，却始终没有融入我们最深层次的真正自我意识中。人类对于外界事物引起的心理投射有着惊人的忍耐力，我们总能找到办法和它们长久共存，甚至是一辈子（此时它们处于阶段二）。但是，一旦我们心理成熟到某一程度，这些外界事物就会变得难以忍受，我们自然会寻求方法将它们驱逐、消灭（阶段三），此时的心理投射主题梦境中就会出现“驱赶”之类的画面。这些画面往往源自人类对寄生虫、害虫、异物、传染病的本能反应。如果我们能完全消除外界产生的心理投射，那么另一种带来强烈解脱感的梦境会随之产生，说明做梦者因消除外界干扰（阶段四）而感到无比喜悦。

如果你曾梦到心理投射主题梦境，说明你的内心正在寻求帮助，以确认精神世界中存在外来事物并尝试驱逐，同时也说明你已经准备就绪要采取行动了。只要该外来物没有与你的精神世界高度融合在一起，那么消除它的代价就不会很大。不幸的是，有的外界物已经深深嵌入到你的精神世界中，移除它们带来的伤害实在太大，这时候你唯一的解决方案是只能努力和它们和平共处了。

根据我的经验，梦到体内有外来物，通常与心理问题有关，但有时也与身体问题有关。在开始心理方面的分析之前，一定要先考虑这个可能性：梦境是不是与旧伤复发、感染疾病或体内有异物要排出有关？

心理投射主题的显著特征

阶段一：梦到令人惶惶不安的或最近出现的外界事物

连着、勾着或黏着你身体表面，或正要进入你体内的物质。

尝试进入你耳朵的物质。

遭枪击。

遭强奸。

将某物质塞入或植入到你体内的角色。

阶段二：梦到物质存在于体内

伤害、控制或威胁做梦者的梦境人物。

极度危险的人物或听到内心声音。

信仰和欲望之间剧烈的道德冲突。

对于“应做”和“不应做”有清晰界定。

强奸致孕。

阶段三：梦到自己正试图驱逐外来物昆虫、会掘洞的虫子、害虫、寄生虫、蠕虫、蛆等外来物

植入器官、植入芯片、体内无法移除的外来物等。

一大片脓包或是受感染的伤口。

体内有卵。

自己近乎疯狂地移除莫名出现的原不属于自己身体的东西。

自己在呕吐，或是将某器官拉扯出自己的身体（嘴巴、鼻子、耳朵、肛门等）。

有胆战心惊、深恶痛绝之感，且病态地迷恋某物。

阶段四：梦到外来物不存在于体内

在移除某物或扼杀某事物时有轻松感。

想知道自己是否完全移除外来物。

担心仍有外来物残留。

感觉得到净化。

感觉取得胜利。

心理投射主题的解梦建议

首先，确认心理投射主题梦境

如果无法确定所梦是否为心理投射主题梦境，务必先确认梦中出现的外来物是负面的或是令你厌恶的。你可以问自己（或梦境主人公）“该物是你自我意识的一部分？抑或只是外来物质？”或“这些虫子身上有没有好的影响？抑或你意志坚定要把它移除？”

其次，代入角色

将自己想象成梦中出现的外来物。如果它的确是外界影响产生的心理投射，那么即使你想象自己是它，你也无法从它身上感知到任何积极的力量，在这之后，如果你仍想移除该物质，那么几乎可以确定它就是影响你精神世界的外来物了。现在你可以放心大胆地驱逐它了，不必害怕犯错，若移除后你又想将它挽回，只要再次想象自己把它移入体内即可。

最后，运用想象练习移除外来物

重入梦境。先体会外来物在自己体内的感觉，然后想象它在慢慢与身体抽离，渐渐地完全移出了身体。如果此时身体出现了移除导致的伤口，想象自己把伤口清理干净并缝合好。如何处理移除体外的外来物呢？你可以将它杀死、埋葬、保存或用水冲走。现在，可以好好体会一下外来物被完全移除后是什么感觉了。

心理投射主题的其他案例

“滑蛇伤”——第 12 章

“家庭被提”——第 12 章

“汤匙想出来”——第 13 章

“机械蝎子”——第 14 章

“计时器里的昆虫包”——第 15 章

“饥渴的恶鬼”——第 19 章

“带有微型芯片的飞虫”——第 29 章

第 23 章

自我发现主题 梦见被人带去某地或见到某物

信息：你在不断探索自己的内心。请坚持！

诉求：将更多精力和意志投入到自我发现中，探索未知领域。

你是否曾梦到自己房间里出现了一片你从未踏足的区域？可能是一个完全陌生的套间，也可能是穿过楼梯到了全新的楼层。或许你曾梦到被人引导着走到某处，并且在此地你精神上收获颇丰。这类主题映射出你正处于自我发掘中，并映射出你正在不断发现自己暂未发觉的潜力和崭新面貌。当我们积极探索自我灵魂的时候，自我发现主题会出现得愈发频繁，并呈现典型的正面反馈图案，由此来激励我们继续更深层次地发掘自我。通常而言，此类主题会相伴引发惊叹、新奇的感官感受。（看！多么漂亮的房间啊！）但这种有所发现的感觉时常会产生新的问题，从而对你更进一步探索自我造成阻碍。或许你会问这间屋子属于自己吗？你是否觉得自己在非法入侵他人房屋，并且可能会因此身陷囹圄？你是否心不在焉而陷入另外的困境？你是否在地窖里遭遇了骇人的事物？

39岁的贾斯敏与我一道剖析梦境，她发觉这个梦境虽神秘莫测但也趣味丛生。她做了一个梦，梦中场景让人终生难忘。这个梦境的名字精奇古怪，名为“海勒克斯”：

我和我的家人一起旅游的时候，我发现我竟然拥有一间居然毫无印象的房屋，这令我十分费解。这间屋子叫作“海勒克斯”，似乎坐落于东方某处。梦中似乎提示我是在希腊东正教、哈萨克斯坦或者诸如此类的地方。这间独属于我的房屋位于山巅，结构多层，山下是个被其他房屋包围的火山口。我的不少房客在屋子下层经营着一个门庭若市的酒吧。我忍不住心想：“为什么开酒吧的不是我自己呢？”举目四望，我发现山谷中有一座城市，里面有个教堂。这座城市的风土民情在我看来十分陌生。在一个传统仪式上，有人交给我一些黄金做的纸张，以及把一些卷起放在一口瓮中的文件交给了我，这些都是这座房子的所有权证明。这里十分具有异域风情，居民都是亚裔面孔。但真正让我困惑不已的在于，我居然忘记了自己拥有这间屋子。

在梦境中发现自己拥有一间房子这一事件便提示这是自我发现主题梦境。在贾斯敏的梦境中，她强烈宣称自己与生俱来的权利（或是忘记要宣称）。这个梦境似在表明，贾斯敏在很长一段时间于某些重要方面遗失自我，而现在就是重新找回自我的大好时机。梦境无比强烈、屡次三番地请求贾斯敏取回属于自己的物品，其煞费苦心地用仪式、黄金所有权证明，以及那口瓮在不断暗示此物对贾斯敏的重要性。我深切希望贾斯敏把握良机，明白这个梦境为她带来的举足轻重的影响，并坐收渔利。她到底是会铭记此梦、付诸实践、给予回应呢？还是置之不理、使其沦落成大而可悲的梦境？

该梦境似在要求得到两种回应：一是要为正在发生的动态事件提供支持（重新夺回房子），二则是要打破会阻止动态事件发生的障碍（遗忘自己拥有房子）。针对第一点，我请求贾斯敏重返梦境，幻想自己接受了黄金做成的所有权证明及那口瓮，然后走进房屋，四处参观。她都轻松地完成了。

至于第二点，则在要求她处理已被遗忘的问题（极有可能再次发生），我问贾斯敏："关于你自己，你究竟忘记了什么？"梦境中有一些趣味十足的线索——其中一条是她是与家人一同旅游时，发现的那座房屋。这表明，通过回顾她的过去和童年（她在东欧长大），以及重新审视自身文化和祖根，她或许能重新找回自我中的某些重要部分。而另一个可能的线索是贾斯敏允许其他人在她的房屋里经商。这或许暗示着，她允许其他人在某些方面利用自己。贾斯敏或可在这些线索中建立强有力的关联。

在我们一同分析该梦境之时，贾斯敏无法将房屋的名字"海勒克斯"与梦境中的东方背景设定联系起来。除了通过背景观察我们得知贾斯敏的祖国位于东方，或许其长时间未曾融入当地生活中，因此她感觉自己"异常陌生"以外，我们暂时无法发现更加具体的联系。通常这样的梦境解读需要几个月甚至几年才可完成，而此类梦境可能提示着遥远的未来，暗示着那些做梦者还未曾挖掘出的关于自我的部分。

另有一个例子是一位名为娜塔莉的36岁女性的梦境。娜塔莉在梦境中的房屋里有一个神奇的发现，可这间房屋却并不属于她。娜塔莉命名此梦境为"发现瑟斯博士未曾出版的书籍"：

我们在别人家的地下室里（我并不知道"我们"是谁）。那里灯光昏暗，拥挤不堪。我们偷偷溜进去寻找藏身地。房间门敞开着，里面有一包好像被遗弃了的厚厚的书籍。我打开包裹，发现里面竟然装着瑟斯博士的著作！这些书出版了吗？我此前从未见过它们。其中有一些甚至标有瑟斯博士手写的彩色注释。后来，房屋的主人走了进来，他看到我们后大吃一惊、怒不可遏。我向他保证马上离开。虽然我觉得屋主不想要这些书，但我还是用身体挡住了他的视线，偷偷把书拿走了。我有些内疚，但我真心想要这些书。在我们离开的时候，我发觉这里似乎只有一辆车，而并无房屋。

在地下室发现独特新颖、令人激动的事物暗示着这是一个自我发现主题梦境，同时暗示着娜塔莉正在发掘身上新奇有趣并令人激动的一部分。这部分可能极具创造力并极其珍贵，因此才被具象化为瑟斯博士的手稿本。该书籍尚未出版这一事实表明她身体内有一部分未利用的潜力目前还未被发掘。但问题在于——娜塔莉感觉自己非法侵入了他人的地下室，这是否意味着觉得潜意识中认为自己没有权利探索和开发自身潜力？我们需要知道那个男人（房屋的主人）对于她来说代表着什么，而利用内部/外部定位法对此大有裨益。如果房屋主人是内部形象，这表示娜塔莉认为自己没有权利做此探索与开发。如果房屋主人是外部形象，这表明屋主代表着娜塔莉生活中的某位人士，该人士对娜塔莉近期不断发掘自我这一行为勃然大怒，并希望她就此停止。如果房屋主人是杂糅了内部与外部形象的化身（跨越内部与外部），这意味着娜塔莉正面临着陈旧信仰体系的冲突，而在该体系中，探索自我被判定为不妥行为。

娜塔莉能够发现自我新领域，并占有她在梦境中发现的珍宝吗？此时此刻，即使娜塔莉在梦境中感觉这座房屋、房子里的所有房间及物品都不属于自己，但我会要求她继续探索下去（至少在想象中），幻想它们真的属于自己。

在这里我们必须再次强调，梦境要求两种回应：一是支持事件的动态发展，二是去除阻碍。为了支持梦中的自我发现之旅，我建议娜塔莉想象自己作为合法主人重返梦境中的房屋，幻想自己在没有屋主愤怒出现干扰的情形下，全面细致地研究那本手稿。我希望她的感觉可以从“我认为这本书并不属于我……或许我不应该待在这里”转变为“哇！这座房子是属于我的！我要来好好研究一下这本手稿”。

但屋主代表着的障碍却在阻止着这一转变。他似乎大权在握。为了能够进一步探索，我要求娜塔莉成为拥有房屋的屋主。代入屋主的角色后，她变得怒不可遏、自以为是：“我只想让这些入侵者离开我的房子。”屋主对瑟斯博士手稿本的唯一一点兴趣在于该书籍或许能换点钱。这次代入角色的体验使娜塔莉获得了情感共鸣——在她的灵魂中，有一部分有能力扔掉她视若珍宝的手稿本，“这部分与你的奇思异想、童年魔力、生态价值观和社会价值观相关联”。我鼓励娜塔莉与屋主的那一部分相互融合，而已被社会化的这一部分极其重视职业道德、职业稳定性以及经济稳定性。或许该梦境是在要求改变优先顺序，在告诉娜塔莉这一部分太过强大，并且它在不断干扰着地下室里出现的极其重要的新发展。

自我发现主题的心理动因

如果你察觉自己有过类似梦境，那就应该拷问自己：“我最近做了哪些事情，帮助我更深入了解自己？我该如何支持这个新的苗头？”你可能需要自我指导，在自我发现方面投入更多精力，了解并参与其中。事实上，自我发现主题梦境通常将某些令人激动的新发现与某种问题捆绑在一起，是为了表明积极的自我探索往往与阻止我们更深刻了解自我的禁令相伴相生。贾斯敏忘记自己房屋的怪异行为便是禁令的一部分，娜塔莉梦境中出现的竭力阻止其探索的愤怒屋主亦是如此。无论你遇到何种阻碍，千万不要任它阻止你继续发掘自我的步伐。

但是，如果你梦到冒险进入地下室，却只发现了里面的骇人事物，你该怎么办？这会阻碍你进一步探索吗？这是否代表着你潜意识里害怕遇到的某种事物？当然，这都很有可能，并且合情合理。但无论如何请不要丢掉好奇心，而是继续寻找到探索的路径。毕竟你也不想就此停止脚步，最终成为现实生活中的井底之蛙。

当你开始探索梦境的时候，你可能会经常做一些与自我发现相关的梦，并对新房间、地下室、水体和海岸线等环境心怀期待。你的潜意识非常感激你为自我发掘做出的努力，并开启积极反馈循环：“如果你感兴趣，我就会告诉你更多。”在这些常见梦境中，你会探索地下室、地窖，以及冒险进入大型水体——因为地下室和水体是潜意识的通用符号，所以这一点并不出乎意料。

自我发现主题的显著特征

◎ 穿过一座房屋（或其他建筑物）并发现新区域。

◎ 对房屋所有权归你所有这一点心存怀疑，自认为是入侵者。

◎ 你会上楼或下楼，发现新的楼层。

◎ 发现珍宝或是金钱。

◎ 地下室中有骇人物品。

◎ 冒险外出旅行。

◎ 潜水并探索水下区域。

◎ 梦境背景设定在海岸线或者海滩上。

◎ 遇到引导者，并带你去往某处或向你展示某物。

自我发现主题的解梦提示

重返梦境提升认知

重返你梦境中的房屋（无论何物）并自由探索。即使在梦境中你并无此感，你依旧要努力幻想这间房屋属于你，你可以占有它。即使是最微小的细节也可能有着举足轻重的作用。一旦你探索完这座房屋之后，另一扇门即将打开，另一片领地将会浮现。

遇到障碍，请充分探索

通常梦境中会出现某些麻烦，阻止你进入探索空间。你对这些麻烦必须具有清晰的认知，这一点尤其重要。因为这些麻烦会是障碍的映射，而该障碍正在阻止你更深层次地认知自我。你要在脑海中不断思索内部和外部定位——该障碍是你自我的一部分，抑或是你生活中一直阻碍着你的外来人物或外在事物？如果你对此并不确定，就利用代入角色小技巧——尝试成为那个障碍，并询问自己。

自我发现主题的其他案例

“年轻人和老人”——第 11 章

“小矮人的门”——第 13 章

第 24 章

重塑自我主题
梦见怀胎十月、婴儿或儿童

信息：你正处于深刻变革和创造力爆发的黄金时期。你需要通过重新塑造自我、重新感知自我以达到凤凰涅槃的目的。

诉求：充分感知目前所处的重塑阶段且努力适应变化。

当你经历一段重大转变时，又会有何梦境出现？如果你紧密观察梦境，你可能会发现意象愈加激烈深刻。你可能还注意到受孕、十月怀胎、胎儿出生、婴儿成长等画面频繁出现在你的梦境中。在我多年的解梦工作中，我屡次察觉——当一个人正处于一个转型或创造力爆棚阶段，他的梦境常会出现受孕、妊娠、分娩等片段。你的梦境仿佛在提醒你：你正在经历一次重生，转变为崭新的自己，并走向变化中的新世界。重新感知自我的梦境模板在下列情况下尤为常见：

◎ 正在进修专业课程或攻读学位。

◎ 准父母阶段。

◎ 正面临重要搬迁或重大职业转机。

◎ 处于自我发现的关键时期。

◎ 正面临身份的重大改变。

◎ 开展大型创意项目。

以下是涵盖受孕意象的梦境示例。27岁的做梦者乔治，最近决定接受全面的培训和更换职业。他称梦境为“大头针－螺丝的使命”：

我穿行于一栋正在施工的房屋间，其中有一台巨大的起重机被栅栏完全围起来。我沿着栅栏走过来，留意到两三个同等大小的圆形通风口嵌入地面。我感到困惑，并回到停车场坐下。有三人来到这个大土堆上（我觉得像一大坨排泄物）。他们热烈地交谈着，过了一会，他们全都倒在地上……他们疲惫不堪，相互依偎。我转向他们，问道：“你们需要帮助吗？”其中一个答：“那再好不过了！”我起身走过去，他说：“你可以把那扇打开着的门后面标有伦道夫的大头针拿回来。”那是他的房产，我同意了。我走了进去，并没有发现有房门敞开着。我想进去，但房屋设有类似电影《星际迷航》里的高科技安保系统，入口处安装了金属把手，并配备发亮触摸屏，需要使用高科技的独特安全卡。我只能变身为一只小昆虫，并隐藏在一个入口的标志下。当有人刷安全卡通过入口时，一道红光亮起，我趁机而入，拿起大头针，耐心等待有人刷卡出去。整个过程只花了几秒钟，我知道它的位置以及拿到它的方法。我必须迅速行动，我十分清楚它的规格和位置。它虽被称为大头针，但实际上是一个螺丝，就像一个工业螺丝一样，用来紧固物件。

解梦者：当时感觉如何？

乔治：起初，有种觉得自己可怜巴巴的感觉。当其他人倒下动弹不得时，我来了。当我进入游戏计划时，感觉有一股能量蓄势待发。

我的行动卓有成效，并且采取果断行动。当我到达入口，我试图闯入安保系统。虽然入口有阻碍，但我认为我可以进去。于是，我变身为小昆虫，大大提升了准确性、灵活度和速度。当我拿到大头针时，简直就是志得意满！那一刻的感觉丝毫不亚于柯南得到他的防护手套。跟柯南一样通过执行任务，并实现目的，获得满满的成就感！

在乔治的梦境中，那几个人的任务便是拿到里面的东西，但他们被迫放弃，并筋疲力尽瘫倒在地。当多个男性围绕且高度专注于同一件事时，我便怀疑这是精子和卵子主题。在比例变化之后，一只小昆虫正试图越过一个入口进入巨大的化合物——这一意象更加提示着精卵结合的画面。大头针/螺丝/紧固在一起的意象也暗示着性结合；这是遗传物质的结合，而最终令人振奋的成就感正是我们所期望的最终取得胜利的那颗精子的感觉。

在梦境中，乔治取得了智力和情感的共鸣。他觉得梦境中的意象和感觉恰如其分，符合他目前的生活状况。他刚刚告别了以前的职业，选择成为身体治疗师，所以他认为梦境包含孕育新生命的意象也不足为奇。

以下为重塑自我的另一案例。37 岁的伊恩，告诉我他三个月前的一个令人寝食难安的梦境。他称之为“救救我吧”：

我经过一条漆黑恐怖的隧道，我十分恐惧，因为隧道里隐匿着极具攻击性物质。我想方设法走到隧道一边，可我的一部分已迷失在隧道。我知道它在那里，我大声呼喊，如果得不到回应，那就证明它已经逃走。然而事与愿违，我得到回应，这意味着我必须回头寻找它。为了再次确认，我再次大声呼喊，它回应了，说：“快来救救我吧”，我知道这意味着必须返回。这时周围有很多人，于是我向他们请教在隧道中该如何行动。某人给了个小提示：暗能量很可能冒充我的家人，因此绝对不能上当受骗。我知道如果能在隧道里保持一定的角度侧身而行，就能保护自己。我进去了，一条凶恶的大狗冲向我，扑向我的胳膊。我试图保持侧身，这样狗就不会伤害到我。我深知如果我保持角度，狗就只是幻觉。可是，我却只能暂时保持角度，而无法稳定住自己，因此狗咬住了我……我醒来了，想方设法把狗从我胳膊上甩下来。

当我们讨论该梦境时，伊恩能够结合记忆中的感觉，描述了一种他丢了魂的感觉："我灵魂的一部分丢失了，我失去了我心灵重要的一部分，我愿意回头寻找，即使那里危机四伏，令我不寒而栗。"但这种人体的分裂做何解释？我留意到梦中一个惊人的细节：该梦境发生在一个隧道里，这通常与在子宫中的经历有关，尤其是分娩时，胎儿进入产道的经历。我请伊恩考虑下这种可能性，他表示很感兴趣，并愿意进一步探讨。在我们的会议快结束时，我请伊恩在脑海里想象出对该梦境回应。

我们下次会议伊始，伊恩描述了他想象的画面：

我创造了理想中自己诞生的地点——一艘船。我触摸以唤醒它。我邀请了快乐、爱、同情、勇气和智慧与我相伴登船。我触摸船只，像敲打一把音叉，让其与我的灵魂发生共振。一旦它与我的灵魂产生共振，我就会想象自己在船只里，等待着来到这个世界。于是，我无比顺畅地来到了这个世界。

这个想象过程十分美妙，却未包含与灵魂丢失部分的重聚。我建议伊恩在想象中加入这部分，特别是在进入新船只之前，想象与丢失的灵魂重聚。这时，我们把梦境转化为个人精神主题，描绘了个人精神世界中伤痕累累、四分五裂，且急需被找回和重组的部分。他又尝试着想象了好几次。这项工作收益甚好，伊恩很快就觉得自己更完整、充实、有活力，也变得更加幸福快乐。

我们无法确定这个梦境是否描绘了伊恩出生时的实际状况。然而，该梦境包含出生意象，意味着只需将它与诞生的意象联系，便可以理解该梦境带来的启示。这是将重生意象与个人精神意象融为一体的梦境，这个组合十分常见，因为人呱呱坠地的过程（甚至理想状态下）都是伴随着血与痛的过程，甚至还会由此造成心灵的撕裂。为了进一步回应梦境的诉求，伊恩向母亲询问他的出生细节。可根据他母亲的记忆，伊恩的出生过程顺利而且迅速。因此我们无法得知伊恩的这一部分是何时分裂的，但这并不影响我们对这些梦境做出回应。伊恩案例中最重要的是支持他找到自己失去的那部分并与之重聚。

重塑自我主题的心理动因

对我们产生重大影响的事件总是与我们如影随形。作为成年人，我们当然无法像记住某一特定事件一样记住我们诞生的过程，但这并不代表我们对此过程全无印象。成年人会记住一个特定的事件，但我们可能不记得我们的受孕或出生过程，但我们以一种方式保存对它的记忆。我们把诞生的感觉铭刻在情绪中，并非文字记忆，而是作为一种情绪和感觉记忆。要用言语描述牙牙学语前的记忆已经足够困难，而要描述出生这一时刻的感官感受则更为困难，可无法不承认这种感受的的确确影响着我们的情绪。口头记忆很难描述，甚至也很难根据概念思考，但它们确实影响着我们。我将这种感受描述为经常出现在梦境中的无意识的感觉基质。而通常也是在梦境中才会给我们提供接触这个强大的境界的最佳途径。

你梦见怀胎十月时，就说明你正处在人生某个关键的分水岭——除非你决定放弃目前的新发展，否则绝无回头之路。从心理学上讲，无论你畏缩与否，整个转变过程一旦开始便不会止步不前，尽管整个孕育过程可能持续数月甚至数年。你的梦境会将你正在经历的改变或进行中的项目象征为你的“宝宝”。你的宝宝需要经历着床、发育、妊娠、分娩等一系列关键的结合和孕育期后才得以来到人世。因此，你需要静静观察你的梦境是如何展开这一切画面的。

如果这些高度影响我们的事件由于早期生活中的一些困难或创伤而变得更加情感化，那么它解决的过程则更为缓慢和顽固。例如，一个经受过出生时经历复杂状况和创伤的人可能会在临近大学毕业时遇到艰难险阻。对于另一个出生后三周内都必须待在医院恒温箱里的人来说，觉得更为棘手的可能是毕业后的过渡时期。诚然，这些理论有一定的推测和假设成分，但在人类心理的世界里，大多数事物皆是如此。心理学是一个难以验证且几乎不可能证实的领域。因此当出现生产过程的某个阶段的意象的梦境时，请保持开放心态并积极尝试。如果你对潜在的重塑自我主题有情绪共鸣，这足以让你有充分理由继续探索这种假设的可能性。如果你确实有这种证据，那么完全可以作为解梦工作的结果。像乔治和伊恩那样的人在了解重塑自我梦境后，总能感到开心倍增、烦恼减少，体会到全身心焕然一新。

而对于那些真正怀孕的妇女呢——当她们梦到分娩和婴儿时，是预示着自己的分娩过程吗？她们是否能准确地梦到发育中的胎儿？她们是否感受到母亲普遍经历的恐惧和担忧？所有这些皆有可能，而且往往难以准确描述。我推荐艾琳·斯徒卡尼（Eileen Stukane）的作品《孕期之梦》（*The Dream Worlds of Pregnancy*），为大家科普孕期的“常见”梦境。斯徒卡尼在前言中写道：

孕妇的梦境总是出现各种婴儿的形象：例如一斤多的小婴儿或者十五六斤的巨型婴儿、天使宝宝和恶魔宝宝、出生时便会走路说话的超常婴儿以及各种象征婴儿的玩偶及动物等。当宝宝的形象出现时，焦虑通常也相伴而生。强烈的主体意识是存在孕妇梦境中的一个显著特征。那男性呢？虽然在我的解梦经验中女性居多，但男性也有自己怀孕、出生和婴儿的梦境。我想这可能是因为从解剖学和生理学角度而言，梦境借用的大部分的意象皆属于女性行为。毕竟怀孕、分娩和哺乳等实际上是发生在女性身上，所以女性会更频繁强烈地有这些梦境并不足为奇。但男性也会经历重生，也会孕育新想法，也可能开展伟大的项目，培养创作灵感。因此，男性也可能梦到怀孕，正如女性也可能梦到变成精子。

重塑自我主题的显著特征

经过这些年的积累，我逐渐辨认出一系列典型的与人类生殖过程有关的梦境主题。婴儿形象是这些梦境中最常见及容易识别的，但也有其他主题可能先于婴儿出现。如果你熟悉这些主题，你可能会开始注意到它们出现在你及同事的梦境中。我建议你阅读这个图表时，留意是否某个梦境引起了你的共鸣。若有则需多加注意，因为这很可能值得进一步探索和发现。你甚至会在几年中出现好几个这样的主题梦境。你可能想从重塑自我的角度重新思考旧梦，可能会收获一番新领悟。从此在以后的梦境中，你便会对这些主题更加敏感。

重塑自我阶段和相应的梦境意象表

（灰色部分为外伤或有问题的变化）

所处阶段	相应的围产期阶段	相应的梦境主题
思考重大改变或创造	受孕前	梦见太空旅行，来到新世界
等待受精，想方设法吸引性伴侣	卵子能量	梦见吸收他人能量，重新定位自己以吸引对方，保持中心位置
竭尽全力、一心一意地朝着目标奋斗——“我想要达到目的！”	精子能量	梦见鱼儿游动，或试图进入某栋楼，或许多人为达成目标而共同努力

续表

决心，承诺和行动——“我要去做这件事！”	怀孕	梦见目标实现，进入一座建筑，充满兴奋和成就感
在过渡阶段寻找到容身之地或满意的伴侣	受精卵着床	梦见牢牢抓住、下沉以及挖到安全之处
在过渡期找不到安全地带	先兆流产或流产	梦见被吹、拉走及冲走
经历过程	孕期	梦见怀胎十月，婴儿和儿童，搭乘大型车辆及火车去往别处
尚未准备就绪便启动计划	早产	梦见弱小及未成熟婴儿
感觉失去关键人物	双胞胎一胎死亡	梦见婴儿一活一亡
深陷毒害地带或被困于不良地方、机构、关系或社区中	子宫中毒	梦见因中毒而无法逃脱；或有害物质经管道进入身体
感到安逸、被认可、获得地区、机构和某段关系的支持	健康的子宫	梦见宇宙极乐、漂浮、联合和神圣连通
进程中的突发灾难	胎盘或脐带出现问题	梦见突然生病或受损的树木
过渡过程的身份意识显现（呀！我现在是父母、医生、丈夫或艺术家）	对腹中胎儿有所意识	梦见从很高之处降落到地球或船上
难以接受新身份的过渡	受到外部创伤	梦见惨重跌落，飞机坠毁
过渡即将结束	分娩	梦见空间受限内的大型卡车；狭小的空间里的身体
转折期即将结束的危机	脐带绕颈	梦见勒杀、窒息、悬挂或阻塞
过渡到最后阶段的困难	宫缩困难、产力不够	梦见被推挤、压碎、挤压、抓住、楔入、埋藏到窒息
无能为力、无法面对过渡的最后考验	害怕生产；可能使用钳子或剖腹产	梦见害怕进入某通道；急需帮助；面临生死攸关的危机感觉
最后阶段运动	顺产或剖腹产成功	梦见跨过障碍

续表

全新身份及状态初体验，展示创造力	新生	梦见状态和环境的变化
全新身份及状态面临的困境	产后创伤和震颤	梦见生病或受伤婴儿
需支持新身份和状态结合	亲密的母婴关系	梦见孕育和满足婴儿
无法寻得对新身份和状态的支持	母婴关系出现问题	梦见创伤、失去、孤儿或遗弃婴儿和孩童（个人精神）

重塑自我主题的解梦建议

认识和强调

如果你辨认出重塑自我梦境就扪心自问：如何联系目前生活和围产期的经历。该认知将让你有意识地重视和准备即将面临的一系列变动。也请留意最近是否有出现其他该主题梦境。

重新进入和探索梦境

若梦境中凸显某个问题或低谷，你便需要努力思考解决办法。想方设法思索梦境提示的条件，寻找良好的解决方案。重返梦境，找到症结所在。尝试不同的形象解决方案，直到你找到自认为正确的。请多加练习，直到消除障碍。在创造性想象进行了一段时间之后，便要开始思考这个新的发展如何能为你现实生活服务，以及它可能如何与你的早期发展相联系。

重塑自我主题的其他案例

“进入隧道”——第 13 章

第 25 章

启迪主题
发现礼物、宝藏或拥有大量财富

信息：为自己创造惊喜！成为自己的灵感缪斯！你拥有独一无二、卓越非凡的特质！

诉求：充分实现自我，将未知变成已知。

你是否在梦中遇见某种神奇绝妙的动物？接触某种力量强大的物品？或是邂逅某个魅力无穷的人？一个先古亡魂？圣人化身？这些角色往往是非常私密——专为你而设。这些梦境主题含有强烈的积极暗示，能唤起正面情绪，触动人心，因此异常重要。它们深刻触动心灵，带来欢快愉悦、庄严神圣之感，突显做梦者的与众不同，让人神魂颠倒，魂牵梦绕。而正是这些特质让该主题非常易于辨认。启迪主题梦境会对你的自我认知产生重大影响，因此，如果梦到该主题，千万不要置之不理！下面分析一则案例，主人公是 31 岁的吉娜，她为该梦命名为“停机坪上的大猫”：

度假结束后，我和一大群人在停机坪上准备登机踏上归途。我四处张望，突然看到一只体型硕大的野猫。这真让人兴奋！要知道，如此壮硕的猫实在罕有。我对其他人呼喊："等会儿！先别登机……快看那只猫！"但是他们对此毫无兴趣。我想拍一张猫的照片，但是它体型大得连相机取景器都装不下，我只好缓缓后退，离它远些，取个镜头。它长得像一只母狮子，但头和颈都有红色花纹，看起来像古代阿兹特克族[①]或玛雅族[②]的几何图案。我醒来时，兴奋之感仍未退去，并且为能看到这一幕而激动不已。

"梦中的其他人不关注那只大猫"，这种情况在启迪主题梦境中十分寻常——说明那只大猫只为吉娜而来，并且这种鲜明的个人色彩正是此类梦境的标志。那么将梦中出现的奇异事物拍照留存（很多人都这样做），这到底是否恰当呢？好的方面是，该行为表示吉娜意识到了这只大猫非比寻常，因此试图去捕捉这一罕见画面并铭记于心；而坏的方面是，它耽误了做梦者与该角色深入接触。

我先用常见的"这是好还是坏"提问法向她提问："你觉得用相机给大猫拍照是否恰当？抑或放下相机，直接接触大猫更合适？"吉娜回答说她后悔用相机拍照。许多其他案例的做梦者也是类似的回答。接下来，我们自然而言引导她，设计与此相对应的场景，我对吉娜说："想象自己放下手中的相机，全神贯注欣赏大猫……感觉如何？你想再靠近它一点吗？"

接下来是另一个案例。42岁的苏珊正面临一个艰难的职业选择——她想成为职业解梦者，却不知如何才能最快速、以最低成本实现理想。她将自己的梦命名为"住在洞穴里的小猫头鹰"：

① 14世纪至16世纪的墨西哥古文明。
② 公元前2000年至公元16世纪的南美洲古代印第安文明。

我身处城市最西部，这片区域紧邻大海，沙滩成片，是我梦想中的世外桃源。我看见沙滩上有个洞，便俯身察看，居然发现有许多小猫头鹰在洞口穿梭飞行！此时，空中传来模糊不清的声音："跟着猫头鹰就能找到金子。"我看着洞口，这也实在太小了，根本容不下我，又怎么能跟着猫头鹰呢……然后我就醒了。

我问苏珊她如何理解这个梦，她答道："猫头鹰是夜行动物，就像做梦者和解梦者一样，他们在黑夜和白天之间的时空穿行，将梦境和现实联系起来。"那么梦中的金子又做何解呢？"我想象自己就是金子。我变成了液态的小金人，魔力强大，并拥有了点石成金的魔力。"

这里我们可以再次看到"动态/静态同现"现象——猫头鹰和小金人为动态，梦境最后出现了行动受阻的"静态"（苏珊在梦中体形庞大，无法跟随猫头鹰穿过洞口）。她认为行动受阻，与她没有专心致志追逐理想有关。"梦中的我体形硕大，说明现实中的我注意力分散，涉猎太广。也许只有在现实中做到心无旁骛，梦中的我才能'瘦身'成功，穿过洞口。"

这样的梦在某些文化中被视作通灵梦、指示梦，或是体现动物神力的梦。它总是出现在主人公生活面临重要抉择之时，为做梦者提供一些关于自身、未来方向甚至任务使命的提示。苏珊梦境传递的信息是："你是那些猫头鹰的一员，所以，正如猫头鹰在洞口内外穿梭，你的任务就是要穿越黑夜和白天，连接梦境与现实，并且把金子（梦所要传递的信息）带出来（给做梦者）。"这真是对解梦者这一职业的最佳描述！苏珊明白了，这个梦与她的理想——成为职业解梦者——息息相关。梦境中，她要进入洞口，必须"瘦身"；现实也是如此，她想要跨越障碍，达成目标，就必须"减负"，把注意力集中到解梦工作中。

启迪主题的心理动因

所有人类社会都高度重视这种与大自然奇异生灵相关的梦境。这种生灵通常是动物，也可以是花、树、星球、湖泊、河流、岩石、宝石等，总之可以是自然万物。它还可以是人的精神世界产物，比如远古亡灵、天使、精灵，和其他圣人化身。无论是什么，它们都有一个共同点——能给你带来别具一格的感受。若该生灵来自自然界，你会觉得自己与某物种或物质之间产生了特殊联系；你也可能会对自己产生新的认识，可能会感受到一股全新的力量，甚至觉得自己有了并肩作战的盟友。

那么，为什么你的潜意识会通过“先选择某种特定事物，再赋予它们积极含义，最后托梦于你”这种麻烦的方式传递信息呢？假设你做了一个关于白桦树的美梦，这个梦境想传达什么？你的潜意识是否在暗示你要多与树相伴？尤其是白桦树？是否建议你从白桦树身上获得某种物质或能量（例如提取它的汁液、将其制成茶叶冲泡后喝下或是用其入药等）？这个梦境是否在提示你，白桦树是你的象征之一，体现了你的某种天性？或是代表了你的盟友、能给你指引和帮助的人或事物甚至神灵的祝福？还有可能，梦境在你和白桦树之间建立起某种关于象征意义、文化、人际关系或案例示范的联系，并且利用这种联系向你传递信息。

以上推测皆有可能。但无论出于哪一种可能，都值得你花点时间和白桦树好好相处，创造条件深入了解彼此，细心体会梦境所表达的信息，感受梦境带来的能量满满、欢快愉悦、积极乐观的感觉。启迪主题梦境往往自有其深意，因此你不需要与他人证实该梦境的重要性。这种梦境就像桥梁，带你走向心驰神往之地，而关键在于你是否愿意迈出这一步。

启迪主题梦境会试图指明你和自然界某物种或物质有特殊联系，而这种联系也许在当今西方社会得不到人们的重视。故而当你向身边的人分享该神奇的梦境时，他们不一定会表示理解或认可，请不要因此灰心丧气，因为你此刻经历的，就跟人类历史一样古老悠久——并且这是一种只属于你的独一无二的经历。

启迪主题的显著特征

◎ 遭遇独特奇异的动物、自然之灵、天使或先人亡灵等。

◎ 你往往单独面对这些奇特生物（即使梦中的你身边有其他人，他们也对此毫不在意）。

◎ 遇到一位前辈，或收获了经验、教导。

◎ 发现礼物、宝藏或财富。

◎ 遭遇与神灵或宗教有关的事件，受到神灵祝福。

◎ 来到心仪神往的地方(通常伴有强烈的熟悉感,仿佛似曾相识)。

◎ 发生一段风流韵事。

启迪主题的解梦建议

将梦中所见与近期激励你的事物相联系

出现该梦境表示你获得了某种弥足珍贵的东西，但具体是什么则需要你自己探索。只有弄清楚这一点，你才能做到物尽其用。在第12章，我们分析了梦境“变色龙礼宾和美妙的礼物房”，这里的“礼品”指的是什么呢？是做梦人最近对某事物的感悟或灵光闪现的想法吗？是某种经验教导吗？是精神层面的突破吗？是好运气吗？是新突破吗？是绝妙点子吗？是新朋友吗？这一切皆有可能。当然，他最终总会知道的，但在那之前他需要一点帮助和提示。

采取行动，回应梦境

启迪主题梦境中能否给你带来收获，取决于你如何理解、回应梦境。如果第二天你将该梦忘得一干二净，那么它对你毫无裨益。相反，如果你怀抱尊重和感恩之心，那么梦境蕴含的精神会伴你一生。面对启迪主题梦境，最好以能体现仪式感、创造性的行动作为回应。比如，针对前文所举“白桦树”一例，不妨采取画白桦树、在神龛放置白桦树皮、将电脑桌面换成白桦树或去山里走走等方法。

如遇障碍，请充分探索

在苏珊的梦中，她得到提示“跟着猫头鹰就能找到金子”。苏珊有能力也有意愿跟着猫头鹰，但是她遇到了阻碍——由于在梦中体形过于硕大，她无法穿过洞口。这时候，先采取想象的方式去解决困难会是明智之举——想象自己回到梦境中，因地制宜，选择恰当的方法解决问题。多试几次，你也许就能从这种想象练习中领悟到该如何面对现实生活中的问题了。

启迪主题的其他案例

“水中的三只狼”——前言

“大潜鸟”——第 3 章

“大蚱蜢”——第 6 章

“眼睛发光的乌鸦”——第 7 章

“乘坐大主教的车”——第 10 章

“变色龙礼宾和美妙的礼物房”——第 12 章

“吟游诗人的蚱蜢表演”——第 14 章

“五彩蟾蜍”——第 14 章

“水晶祷告轮”——第 14 章

第 26 章

积极反馈主题 反复梦到同一个梦

信息：你刚完成了某项壮举。请用心留意、积极配合、持续努力！

诉求：为已经出现的良好势头投入更多的时间和精力。

英格丽德的女儿卡莉今年已 16 岁，作为一名少女，她开始以全新的方式和视角探索世界。英格丽德与大多数女儿处于青春期的母亲一样，游离在合理引导与过度保护之间，努力寻找平衡。英格丽德的梦境——“海滩上的典礼”似乎在映射这一困境：

海滩上正在举办一场精心策划、场面惊艳的典礼，约有 100 人参加。我和卡莉远远地观望着。这时，海水席卷而来，可出乎意料的是，所有人都在肆意奔跑，放声大笑。汹涌的波涛将他们吞没，我环望四周，发现卡莉竟然消失了！我悲痛欲绝，内心无比牵挂着女儿的安危。我四处寻找，竟然发现她在海底正与一群美丽的鱼儿嬉戏游泳。卡莉看上去轻松愉悦，享乐其中。我松了口气，可又手足无措。因为我并不在她身边，不知道该做些什么。

英格丽德最近思想上受到冲击，不得不承认女儿正在长大并远离自己。她知道这一过程并非一帆风顺，甚至会使人惶恐不安。但她依然在努力让自己放手，好让这一过程顺其自然地进行下去。造梦者通过结合两种截然不同的元素（对失去女儿的恐惧和最后美好的结局），不断地安慰英格丽德，对她的努力做出表扬，并鼓励她再接再厉。

该主题还有另一个案例。奥利弗服用抗抑郁药物已有数年，但近期她决定戒掉它。虽然抗抑郁药物可以帮助她稳定情绪，但奥利弗并不喜欢由于药物而使自己变得冷漠和觉知减弱。于是奥利弗不再服用药物，但她时常会质疑自己的决定。以戒掉药物为代价来换取真实情感真的值得吗？在这段不断掂量自己选择正确与否的时间里，她做了一个非常短暂的并称之为“箱子”的梦：

我在一片汪洋之中，发现海水之下淹没着许多东西。我站在海面上，因为它们被深埋海底，所以我仅可模糊感知到这些东西。这时，一个红褐色带有象牙柄的古香古色的箱子浮出水面，重见天日了！随后梦境就这样无厘头地匆匆结束了。

当我问奥利弗，她是否认为那个浮出水面的箱子中藏着宝物时，她犹豫不决。因此我们决定进一步探索。我要求她重返梦境。在梦境中，她与古老的箱子一同浮在海面上。我问她想要做什么。“我想要游到岸上，打开箱子。我想知道里面究竟藏着什么。”我要求她在幻想中完成此事，抱着箱子游到岸边然后打开它。“我感到怒不可遏。愤怒和狂暴的情绪几乎要破体而出。”我问奥利弗，愤怒的情绪之前被长时间地淹没在海底，最后终于浮出水面，这一事件是否是一个积极的发展态势？她认为这完全有可能，并且同意凭一己之力继续在想象中完成有关箱子的任务。

在下一次的对话中，奥利弗反馈说，箱子任务卓有成效。

我现在已经明白，我服用的抗抑郁药物所抑制的就是那个装满情绪的箱子。在我停止服用之后，它才有机会重见天日。愤怒和狂暴不会持续太久，随之而来的是我记忆深处幼童时期拥有过的一种古老而熟悉的感觉，一种言语难以形容的感觉，像是神之恩赐，是一种存在于世间的美妙事物。它被淹没了很久，能够再次拥有它让我感到欣喜万分。

奥利弗的箱子任务使她确定自己戒掉药物的决定是正确的。将重要东西深埋海底，触不可及这一梦境暗喻奥利弗受益匪浅。她希望能够找回更多被埋在海底的事物，让它们重返天日。梦境甚至警告她要小心潘多拉魔盒效应，此效应通常在一段长时间的“成功”压抑自我情感之后迸发。在你第一次打开箱子的时候，便要格外当心！但是，即使奥利弗不得不去处理那些愤怒和狂暴的情绪，她仍然认为梦境给予了她良策、鼓励和对其决定的充分肯定。

积极反馈主题的心理动因

你是否曾做过这样的一场梦境，始于一种熟悉的受挫感，接着被困难阻碍，但不管出于何种原因，你最后仍能克服困难？这些美妙梦境是有益的。它们在提示你，你已经被困在某种固定模式里太长时间，而最近你正在设法冲出牢笼。你的当务之急便是，弄清楚你究竟该在何时，以何种方式在醒来后的现实生活中完成此事。一旦你明白你所做的哪些事情是正确之举后，你便可以在原有基础上继续添砖加瓦。

许多梦境给出的反馈都是消极批判的，例如，自我检查主题梦境。但并非所有主题都是如此。梦境有时也会给予鼓励与积极反馈。如果你总是低估自我成就，那么此种积极梦境必会出现。梦境将通过为你加油打气来试图改变你过度谦虚的态度。在你完成重大成就之后，梦境会及时发现并出现在你眼前，肯定你的努力并为你呐喊鼓掌。通过赞美、奖励和积极评价激励孩子们卓有成效，这一点已得到广泛认同，但其实对成年人亦是如此。不论在梦中，抑或在现实中，我们对此都会给出积极回应。这些梦境通常充斥着正面情绪，并会扫除所有挫折与沮丧感。就算梦境中存在障碍，也往往出现在梦境早期，并最终会被克服。

积极反馈主题的显著特征

◎ 克服恐慌或者极具挑战性的困难，冲破障碍或是停滞不前的状态。

◎ 回到先前反复陷入停滞状态的梦境中，但这次你冲破了囚笼！

◎ 在梦境中庆祝成就，受到奖励和鼓舞。

积极反馈主题的解梦建议

认识并重视你的近期成就

你的梦境出现是为了告诉你，你最近取得重大成就。但是，这项成就究竟是什么呢？大多数情况下，这项成就已被完成，但是偶尔梦境会跨越不远的未来，预示着濒临发生的事件。在这种情况下，你必须明白该成就指的是什么，然后才能为此付出更多努力。

通过辨别场景联系现实

如果你无法将梦境与现实联系起来，尝试反复回顾梦中出现的场景，然后询问自己："它究竟暗示着我生活中的哪件事？" 例如，在奥利弗的箱子梦境的案例中，我们提出疑问："在梦境中，你感知到有诸多事物被淹没于海底，并无法触及，但是唯独有一样破出水面。在你的生活中，是否有与此类似的情况发生？"

积极反馈主题的其他案例

"水中的三只狼"——前言

"第一个参选总统的女性"——第 2 章

"生火"——第 5 章

"变色龙礼宾和美妙的礼物房"——第 12 章

"先下脚"——第 14 章

第 27 章

失控主题
梦见亲人离世

信息：你的心灵有某部分已经失控，正在对你造成伤害。

诉求：留意失控部分，减少其造成的伤害。

某些人会梦到真正有害且危险的场景，这不仅是对伤害来临的恐惧（如影子主题），而是真实的伤害发生在梦境中，如攻击、伤害、威胁、抑制、控制、侮辱、谴责甚至杀戮等。如果你的梦境中出现恐怖的意象，你需要先仔细辨认它的类型，再进行解梦工作。我们将在第 31 章谈及这个关键部分。在这些真正有害的形象中，有许多是“自我毁灭”的失控形象，它们以一种对人有害的方式行事。它们与疗愈、整体、合作、成长或改变绝缘，而是我行我素，对做梦者的身心健康造成严重危害。

当 21 岁的梅根向我描叙那个多次出现的梦境时，她惶恐不安，哽咽不语。以下为被她称为“巨大的战舰”的梦境：

这是一个可怕的梦境，我时刻感觉好像有战争或灾难迫近。我四处逃生，尽力寻找类似汽车一类的藏身之地。可突然一艘巨大的战舰从我旁边经过，雷达信号灯四处照射。一路上我也有见到我想保护的人，可大部分时间我孤身作战。我想方设法躲在汽车后门……然后这艘战舰开了过来。（在长时间的停顿后，梅根哭了。）

解梦师：是什么样的战舰？

梅根：很大……很大……装有雷达灯、装备齐全。

解梦人：你能描述一下这些雷达灯吗？

梅根：雷达灯……狂照……我正试图躲开……

解梦人：你想躲开，因为什么？

梅根：因为觉得危险……如果我被逮住，那就糟糕了……这便是我害怕的原因，我想……我得离开它的照射。（再次停顿后……梅根几近崩溃。）

解梦人：你能远离它的照射吗？

梅根：通常当我被发现时就醒了。

解梦人：你能描述一下醒时的感受吗？

梅根：恐慌不安，心有余悸。

这艘巨型战舰代表着什么？首先要考虑其是内在还是外在问题。这艘战舰是内在形象（梅根的自我恐吓或伤害的产物）或外在形象（生活中确实出现了恐吓或伤害到她的人或事）？在我们一起解梦时，梅根将战舰与她和母亲的母女关系联系起来。她觉得她母亲的情感需求过于咄咄逼人，即便在她长大后都无法拥有足够的精神空间和隐私（直到现在仍是如此）。梅根不得不刻意躲避母亲过于灼热的情感需求，这与雷达灯照射带来的感觉相符，产生了共鸣感。这次谈话让梅根精疲力竭，因此我们不得不结束了会话。

然而，这并非解梦的结束，我们已经把谈话录在录像带上，我建议一起观看。梅根仔细想了一会儿，说："我必须独自观看。因为我会非常严厉地审判自己，如果你在房间里，我甚至会变本加厉。"于是我走出房间，在外面等她看完那个片段。在等候期间，我脑海里突然浮现出关于这艘巨型战舰的另一个可能性——是否代表她内心对自己过度求全责备？

当我再次回到房间时，我们讨论了这种可能性，想不到的是这比她所认为的母女关系更能引起她强烈的共鸣。因为梅根在这次会谈时内心更加笃定，我让她设想自己"成为"那艘战舰。她照做了，发现战舰就是她一直试图躲避的过度吹毛求疵和自我批判。

梅根仍然认为，战舰也与对母亲一直以来的感觉相关。我们一致认为，这两种联系都是合理的——她把一个外在问题内在化，并继续保留。事实上，她大部分自我审判和批评的措辞都源于她母亲，包括对她的外貌、体重、饮食、妆容、衣着和行为举止的吹毛求疵。其中很多的言论都已扎根在梅根内心，形成一艘自主的自我审查和自我审判的巨舰。

战舰是强大的武器，既拥有自治权又能随时自毁。于是我将它描述为梅根心中的失控部分，既是她内心不可或缺的一部分，又难以与其他部分共存。她无力阻止或遏制它，只能胆战心惊地一味躲避。

以下梦境包含两个非常重要的主题：一为人格意识主题（遭丢弃的被遗忘孩子），还有失控的自保主题（不允许做梦者与孩子联系的暴力养父）。35 岁阿诺德的梦境——"尤里 / 阿里"：

我把我弟弟——还是我的儿子藏在学校。我对他说："你要老老实实待这儿，藏在这个角落，别出来。"我把他藏在楼梯下没人会发现他的角落里。过了几个小时，我居然忘记了去找他。他心灵受到沉重打击，不停哭闹。他那时还很小，大概才 3 岁。这时，梦境切换到多年后——我去寄养家庭把他接回，因为他在那里受人虐待。我和收养他的人大吵一架。不知为何，我记得他的名字——尤里或是阿里。

当我去寄养家庭接他时，我和他的养父母大吵了一架，甚至还拳脚相见。他们不让我带走他，小男孩问："你是谁？"我说："我是你哥哥或父亲。只要和我一起，你就安全。"但养父母说什么也不让他走。于是在这样的争吵和打斗中，我腹股沟被踢伤了。我在痛苦中醒来，感觉自己像真的被踢了下体一样。

为了分析梦境中的隐喻语，我们必须首先知道阿诺德曾因受重伤而失去了自己的一部分。而现在他已经意识到这一损失，并想有所作为，但他内心的另一部分（失控部分）却不允许。梦境在警告阿诺德（以及任何一个可能帮助他的治疗师），如果他想找回丢失的人格部分，就将长期面临与内在自创的寄养体系的艰苦斗争。

45 岁的海伦是位癌症幸存者，她将疾病与梦境中不祥的隐形人物联系在一起。她把这个梦称为"斗篷男"：

我在市中心走着，要去和丈夫进餐。当我穿过一个区域时，不知怎的，进入了一片新天地，我到了另一个稍微有点不同的地方。那是一条泥泞的道路，离房子很远。它看起来有点像个施工区。我经过的时候，感觉有人在背后，紧跟着我走。所以，我转身，想给那人让路，让他走我前面。没想到我转过身时，我身后的那个人也转向另一个方向，并朝另一个方向走去。他披着斗篷，让我不寒而栗。

该梦境给了海伦关于她病情状况的重要信息。这暗示着：她无法战胜病魔或远离它，但在它逼近时，她可以转身面对并使它退却。她大受鼓舞，因为这表明她可以通过主动对抗癌症而使病情得以缓解。

失控主题的心理动因

我发现失控形象往往可确定为下列某组，并反映了最初引发的心理问题：

1. 失控的自保形象——这是由做梦者自我创造的自保系统，以应付创伤后难以忍受的痛苦。这些系统通常是在童年时期产生，但在成年后的创伤中也会存在，如创伤后应激障碍（PTSD）。我们都有自保系统，但如果它们过于强大、自主和自毁，就会作为失控部分，出现在梦境中并造成自我伤害（如阿诺德梦中尤中/阿里的暴力养父）。而童话中的莴苣姑娘和迪士尼版的长发公主就是关于一个失控部分的自保系统。母亲为了保护和照顾女儿，试图将女儿与世隔绝。这可看作是父母过度保护子女的失控方面的描述，但它也适用于表示一个内化自我保护系统的失控。这两种情况都可能演变为摧枯拉朽的险境，即便它们都始于善意的保护和安抚愿望。

2. 失控的投射形象——源自内心的投射形象——通常源于童年时做梦者被迫接受的一种思想或信仰系统。如果这个结构变得异常强大和自毁，梦境中就会出现危险有害的形象（如梅根梦里的巨型战舰）。

3. 失控的疾病形象——描述一类存在做梦者体内失控的身体或精神疾病的状态如海伦梦里的斗篷男。我发现出现在梦中的最常见的疾病状态是：癌症、免疫疾病和不稳定的脑化学状况，如躁郁症、强迫症紊乱（强迫症）、吸毒成瘾、自杀意念、饮食失调、躯体变形障碍、脑损伤和寄生虫感染等。

失控部分甚至还囊括许多让人暂时自我感觉良好的行为（美好幻觉、习惯性安慰、上瘾、舒适饮食和吸毒等）。把自己和习惯性行为相结合后，因为无法控制这种行为而虐待自己，这是失控部分的一大特点。

失控部分通常会长久存留在人们记忆中。它常常源自童年时期已经遗忘了的痛苦，它与慢性顽固问题和反复行为相关。除非被直接正面攻击，否则很容易保持静止。如果它被正面攻击，则可能会引发复发，一次又一次的自我虐待、自我破坏，或某种“意外”和伤害。一个人经常会感到犹豫和害怕面对或挑起这样的事端，如梅根面对她的巨大战舰。她意识到战舰在她的心灵中是多么势不可挡。她觉得自己面对的是一个危险的侵略者，她自然而然地害怕报复。作为一个心理治疗师，以我的经验来看，在解梦过程中当我感到威胁或恐吓时，通常会有失控部分潜伏，尝试破坏做梦者的愈合过程。

荣格精神分析学家唐纳德·卡尔斯切的作品有助于理解失控形象的复杂心理动因。我极力推荐他的两本关于这个主题的杰作：《创伤的内心世界：对个人精神原型的防御》（1996）和《创伤与灵魂——人类发展和中断的心理方法》（2013）。

失控主题的显著特征

◎ 梦境中的形象攻击并伤害梦境中的自我。

◎ 梦境中的形象邪恶歹毒。

◎ 梦境中的形象对自我吹毛求疵，甚至自我嫌弃。

◎ 梦境中的形象阻止接触孩子。

◎ 梦境中的形象妨碍通信。

◎ 梦境中的形象唤起了安慰的幻觉。

◎ 梦境中的形象提供或强制使用毒品或物质。

◎ 梦境中的形象威胁和恐吓。

失控主题的解梦建议

通过了解系统的运作方式减少危害

据我的经验来看，失控部分是心理学中最难对付的。它们似乎对任何心灵成长部分都不为所动，甚至还会起破坏作用。因此，对付失控部分的要义十分简洁明了——仅仅需要减少失控部分造成的伤害。你必须仔细观察你梦境中显露的失控部分，并尝试弄清楚它的运作模式。若因自身破坏行为而迷惑不解时，你只需要了解它的内在原因后就可如释重负。随后你便能预见可能会出现的旧病复发和自我破坏，并能避免或减轻其中一些症状。

失控形象能被治愈或救赎吗？失控部分能进化成良性和有用的心灵部分吗？或能逐渐削弱危害直至不再产生自毁行为吗？失控部分最终会相信疗愈、成长和改变对自我发展大有裨益吗？我始终相信前途是光明的，道路是曲折的。

更多关于该主题的例子

“滑蛇伤”——第 12 章

“机械蝎子”——第 14 章

“抓不住的蜘蛛”——第 18 章

第28章

梦体主题 梦见自己拥有超能力

信息：梦境中的你有自己的能力、欲望和需求。

诉求：请留意梦境中你的行动及欲望。

在这里，“梦体”指的是处于梦境中的身体。在梦境中，你的肉身卧床入眠，你的梦体充分感受和体会各种滋味。在梦境中，你的梦体身临其境，只有当再次醒来时，才变得“失真”。在梦境中，你可以逃避清醒生活的诸多限制，包括重力、道德、痛苦、伤害、疲劳、衰老、时间和空间导致的限制，以及很多我们强加于自身的限制。

电影《阿凡达》中有个让人难以忘怀的场景，主人公杰克醒来时，发现自己住进了一个新的身体。他的旧肉身已然瘫痪，被困轮椅，但他的新阿凡达身体虎背熊腰、身强力壮。他玩命奔跑，充分享受着新肉身带来的无限可能，沉醉在以前触不可及而现在唾手可得的愉悦中。这就是梦体中发现自我的经历。这时的你自由自在、健壮无比、势不可挡！接下来你会做什么呢？

你的梦体喜欢做什么？当你在梦境中有清晰意识时，你想做的第一件事是什么？或许你像大多数人一样想要飞行，或找个性感对象性交。这并非巧合——人类梦体对飞行和性爱这两大主题乐此不疲。因此这些普遍的梦境主题，直接来自于我们梦体的无拘无束的欲望和活动。首先是飞行！

飞行主题

10 多年前，我做了一个飞行快感与其他重要的主题相结合找到既特别又普通的钥匙的梦：

我和儿子奥蒂斯都在一所寺庙里，很多穿着传统的酒色长袍的藏族僧侣在我们周围。我和一个准备传授我重要动作的僧侣搭档。我从后面抱着他，我的胸部贴着他的背部。我们开始步调一致地做跳跃动作。每一次跳跃动作更加流畅，也获得更多的能量，直到我们积蓄了足以离开地面的能量，接着我们开始空降。我们向上移动的动作既类似浮动，也类似飞行，我们在寺庙宽广的内部移动。这样我们异常兴奋！突然，我意识到在寺庙顶端一个雕刻的壁龛里有件重要的东西。我很有信心只要我转身向后，便能拿到它。于是，我飞/浮向那个地方，果然，当我伸手去拿的时候，拿到一把附带着其他物品的旧式钥匙。我拿着它，我们落到地板上，并向其他僧侣展示钥匙。我觉得它很重要，却不知道重要性在哪里。僧侣们似乎并不为此感到吃惊，而是一副不以为然的样子，觉得这件物品并非特别之物。

这个梦境中的运动质量与我平常的飞行梦境截然不同，我像超人一样在高空飞跃和在火箭周围飞来飞去。我必须学习和不断完善，直到产生足以离开地面的上升力。但一旦飞翔在空中，一股无与伦比自由自在的感觉油然而生。它帮我根据梦境找到方向——梦境要求我做一些具有僧侣般的奉献自我和脚踏实地的工作，这将会为我带来重大发现后的自由感。而且，当我将这一发现带回来后，梦境启示我，我将需要更加脚踏实地地继续目前的工作。我将这把钥匙与解梦工作联系起来。解梦工作就像一把钥匙，它是既特别又很普通。它的特别之处在于它能为做梦者带来非凡的洞察力和成长；它的普通之处在于这仅是我们日常工作里不起眼的一项，并且像其他工作一样需要付出汗水。

梦体主题的心理动因

飞行或漂浮是人类最常见也最热衷的梦境。这些梦境的基调通常非常积极，很大程度上源于失重、自由和极限运动带来的简单乐趣。因此，这些梦境让我们从肉体的紧张感中暂时抽离，安享必要的舒适休憩，而这也是它们本应获得欣赏的缘故。

但飞行往往会引导你发现新大陆。飞了一会儿后，你会发现到达了新的地方，探索到了一些重要的东西或是遇到了有趣的人。飞行梦境的高压兴奋和喜悦似乎与其他同样积极基调的梦境主题相通——尤其是自我发现和启迪主题。

灵魂与身体的暂时分离（或者说梦体和肉体的分离）在本书的其他章节通常作为一种有意识的练习技巧来介绍，例如指导意象、积极想象、重返和探索梦境等，又如本书并未涉及的视觉寻找、萨满旅程和用药实验等。如果你对梦体和肉体相互分离的技能感兴趣，并意欲探索可能发生的情况，那么以你的梦境来练习再好不过了，因为这种分离和重合每晚都自然而然地出现在梦境里。

飞行时遇到麻烦

飞行梦境通常是非常积极的，但消极的呢？例如，有人反复梦到竭尽全力地拍打翅膀，飞离地面，却难以展翅高飞？我们可以扪心自问：梦体的沮丧是描述了现实生活中一些问题吗？例如抑郁？忧伤？想象力受阻？身体疾病？生活中错失良机？陷入困境的无力感？无法获得一些重要的创意项目？以上皆有可能。当然也有可能是梦体需要练习飞行，以更好掌握飞行技能。无论出现什么问题，都可以通过梦境中的想象爆发出来的创造力直接解决吗？倘若你有这样的梦境，重新进入其中，扪心自问：我该如何改变这个失败的飞行方案呢？你可以尝试各种各样的方案，直到找到感觉正确的解决方法。现在想象这个新的动作实际上发生了很长一段时间，让自己尽可能充分体验。让自己想象感受从梦境中飞行获得的深刻满足和乐趣。这样做的话，你便会以实际行动支持梦体去实现一些想做但不能做的事情。经过几次练习，再次扪心自问：这个飞行问题影射了现实生活中的某些问题吗？或仅仅是梦体的尝试而已？

坠落与碰撞主题

如果你的梦境中飞行经历并不愉快，甚至从高空坠地呢？以我的经验来看，我们要面对的是截然不同的事物，而非梦体的简单需求和欲望。我相信这些主题是关于做梦者化身的状态和进入留居在肉体的过程。因此，这些梦境的主题旨在说明自我意识、肉身和梦体之间的复杂关系。

当胎儿在子宫中孕育时，它存在于肉体中的新意识正在觉醒。在人类的意识和梦境中（哪一个在先？），这个过程通常被描述为做梦者的意识“下降”进入身体。因此，提到化身过程的梦境主题包括突然的下降、从高处（通常是飞机或宇宙飞船）坠落到地面。

一个正常和健康的化身可以在梦境中被描绘为飞机失事或坠落地面却没有造成后续的创伤或痛苦。我曾听很多人描述过梦境中飞机坠毁，飞机上的做梦者和其他人都感到害怕和颤抖而无人员伤亡，梦境继续。正如帕特丽厦·加菲尔德在她的书《创造性做梦法》（*Creative Dreaming*）中描述了塞诺伊人会告诉他们的孩子："坠落是最佳的梦境之一。地球的灵魂爱你；它们在召唤你。轻轻地降落，去寻找早已在那里等待的美好事物。"

然而，若你早年肉体曾经历创伤，这将反映在你的梦境中。坠落到地球的梦境将十分可怕，并伴随着伤害、痛苦、创伤、孤独、住院等其他梦境主题，这些梦境的诉求是什么？或许是辨认并处理旧创伤。

化身不仅是一个发生在遥远的过去的单独事件，也是一个正在进行的，有些人甚至在成年后还没有完成的过程。当你的意识栖息于你的肉体时，它受制于肉体的所有规则和限制，如不适、痛苦、重力、创伤、疾病、衰老、自我意识和厌倦等。若化身过程出现难以忍受的痛苦和难以跨越的难关时，你可以脱离肉体和化身，灵活自保。这将造成一种状态，被描述为在你自己之外，间隔，离开你的身体，总是做白日梦、震惊和分离等。有一个不完整或有问题的化身的人将难以舒适地生活在他们的身体里，而是经常需要使用状态可变物质进行逃离。在一个梦境中反复包含着化身的主题的情况下，做梦者必须问他/她自己，为什么化身存留在自己的身体里如此之难？难道是有已知或未知的创伤，使它难以忍受？你必须沿着这条思路盘问自己，请留意那些标志着深层创伤的梦境主题，特别是个人精神主题和失控自保系统主题。

这种困难可能在生命的早期就开始了，通常是在子宫中。子宫是否在某种程度上不欢迎胎儿的存在呢？并不需要孩子吗？还是想要其他性别的孩子？是母亲身体不适或痛苦吗？还是父母不想受孕？有堕胎企图吗？有流产企图吗？或者，稍晚一点，出生前后是否存在医疗危机？还是因为其他原因在出生后母婴未能建立亲密联系呢？这些都很常见，可以描述为梦境中的一个创伤的化身主题。因为这些事件发生在一个早期的不具备语言能力的阶段，它们出现的梦境中不会包括任何想法、名字或词语。创伤化身梦境通常充斥着各种行动和强烈的感情，但没有话语。

以下是创伤化身梦境。17 岁的彼得梦到掉落到地球。他刚出生时得了脑膜炎，在医院接受治疗而与母亲分离。

我在飞机上，跟踪着从过山车上掉落的残骸。我绕着残骸四处飞行，耳机里听到，我应该是在追踪残骸的。残骸开始下降得更快了，所以我关掉喷气发动机，与残骸一起降落。它比我跌倒得还要快，所以我跳出飞机。我往下看，并拢双脚，使自己飞行阻力更小。我不停地下降，却追不上残骸的踪迹。距离地面 40 到 20 米时，我还在坠落，找不到了残骸的位置。当我降落在地上时，我的降落伞还没有打开。这过程发生得很慢却又非常迅猛。我撞到地面，脚部受到猛烈撞击，冲击力一直伸展到颈部，像是手风琴效应……又有点像卡通片……就像你可以想象的冲击波穿过我的身体……就像你掉了东西，它击中地面，你减速观看该视频便可感受到效果。周围一切陷入黑暗中……然后我落到一片沼泽地区，感觉自己已经死了。时间几乎静止不动，或者过得很慢、很慢。我和一位年长的女士还有男青年在一起（女士年龄较大，也许有 60 多岁了，男子大概 30 来岁）。他秃着头而女士则顶着一头灰白的卷发。我们在这片沼泽地进行康复治疗，因为他摔断了腿，而我在秋天也受伤了（尽管我感觉不到或者看起来受伤了）。我们应该在沼泽地里来回走动以增强体质。我说：“没办法，地上沼泽太厚了，我们难以移动……身子会下沉的。”他说：“别担心，只要多加练习，身体便会日益强壮，这是疗愈的好方法。”我回答：“好吧”，在记忆中我终于艰难地迈出了步伐。

随着坠地的化身主题，我们可以看到关于彼得梦境中所呈现的几大未解决的创伤点，特别是在远处的目击证人，以及从他自己的飞机上弹射出来。这种体验无法从自身感知，只能通过卡通或视频展示。它的影响和后果过大而招架不住。自此，个人历史的连续性就被打破了，被描绘成一片黑暗，紧接着是截然不同的新现实。

梦境的第二部分给了我们重要的信息，告诉我们彼得必须怎样做才能治疗创伤，得到“康复”。愈合之路道阻且长，需要历经艰辛，更需要得到他人帮助。彼得对康复之艰感到害怕——他似乎觉得太难、太费劲了，他心有余而力不足。这种微妙的背景感觉，通常存在于化身梦境——是肉体过难、痛苦太多、重力超强和斗争难以忍受的感觉。因此，我们应该做一些有助于我们逃离肉体的梦来渡过难关，至少渡过部分难关。在梦中，这位年长他的男子却无所畏惧，激励众人。他引用了神经可塑性和人类愈合法则——练得越多就越强大。

惊人的能力主题

梦境中能完美地实现某件事，而生活中却难以实施，这意味着什么？如果我梦到能说一口流利的西班牙语（我曾经数次梦到这样，也说法语和意大利语，甚至拉丁语），那梦境是想表达什么还是诉求什么？这是否意味着我可以学会说流利的西班牙语（也许这是真的），或者我应该这样做？（不太清楚）。或是我的灵魂在玩耍，陶醉在讲流利的西班牙语的经验，因为它可以？在梦境中，我们似乎可以从支配我们能力的法则（或感知法则）中解脱出来，就像我们可以摆脱万有引力定律一样。

我认为大多数人都喜欢这一类拥有超能力的梦境。我个人的梦境涉及流利掌握其他语言、熟练演奏不同的乐器、引吭高歌以及擅长各项运动。所有这些梦境的共同特点是激动人心的快感！与其他梦境特征的支配梦体做事相比，它似乎没有什么特别的沟通或诉求。

有时这些梦境起到给我们心理加油鼓劲的作用。它们的感情基调是如此令人兴奋，只需很短一段时间就可以转变任何的消极心态。这可能是在某种情况下，做梦者尝试弥补缺陷、无聊、沮丧和抑郁感吗？试图鼓舞和激励我们的举措？我还想知道这样的梦境是否会让我们留意到想象力爆发出来的创造力——指出如果我们能梦到做某事，那么我们也能想象到做那件事。想象自己做新事物会使自己受益匪浅，而我们对这些益处目前还不甚了解。

梦体主题的显著特征

◎ 飞行、漂浮、翱翔、盘旋。

◎ 各种超人的形体动作：飞奔、跳跃、猛冲。

◎ 肉体上的愉悦和快感。

◎ 失败的起飞、飞行尝试。

◎ 从飞机或太空船等高处俯视。

◎ 从高空坠落、坠毁，飞机坠毁。

◎ 往下走到船上或其他舰上。

◎ 俯冲时的壮观景象。

◎ 降落受到伤害。

◎ 用超能力完成一些令人称奇的好事。

第29章

肉体主题
梦见到处寻找洗手间，或者寻找水喝

信息：这是你的物质载体。你将要醒来，而我正要进入你的梦乡。

诉求：这类主题除了物质主体意识和肉体体验外别无所求。

当你陷入沉睡，你睡梦中的身体将会为你正在经历的梦境提供素材。事实上，憋尿、头痛、性欲腾升、浑身酸痛以及楼下飘来的早餐香气、窗外投入的晨光等外部因素都可能经由你的感官器官而成为你梦境的构成要素。但是，如果你的梦体可以游刃有余地将自己完全从环境因素的影响中剥离出来，这些感官感受则不一定会对你的梦体造成影响（你梦境中的身体）。但是当你临近苏醒的时候，你现实生活中的肉体便会回归。此时，你将再次受制于真实世界，而以上提到的众多元素也将一一回归。

你是否应该对这些梦境视而不见？或是因为这些梦境直截了当地呈现出与肉体相关的元素，而对它们掉以轻心？你是否应该对寻找马桶的梦境不屑一顾，将其出现的原因简单归于在憋尿？当然，这一切都没有定数。可能你的马桶梦境中还包含着其他无法归因于憋尿的有趣元素呢？在我的经验中，当我们细致观察这些梦境，通常会发现它们确实别有用意。

通常这些身体感官元素并不完全是“梦境”的产物。这些元素可能产生于我们的身体与睡眠环境，然后进入了梦境，就像是有人不小心闯入了舞台，却出乎意料地就融入了戏剧。有时这样的入侵会唤醒我们，但是更多时候我们仍然陷入沉睡，任由梦中的戏剧继续上演。这两种情况皆有可能。而这出戏剧通常在临界点上演，在这区域内我们临近苏醒但仍然处于睡眠状态——而这时是我们醒来后回顾梦境时最容易想起，并且记忆最清晰的时光。

我认为，将梦境中因为身体感官受到外部影响而出现的场景与纯粹的心理梦境区别开是至关重要的。由于两者皆能在同一梦境中共存，因此我们需要善于区分。我来演示一下，心理过程应该如下：“这个身体感官元素出现在梦境中是由于甲乙丙丁等等，但是，另一个元素的产生却是由于做梦者的自发心理因素。”而我格外重视的是梦境中的身体感官元素——完全是做梦者自发产生，而并非经由糅合、改编后的因素。

详细说来，我注意到某些身体感官感受总是以特定的方式影响梦境，并更容易诱发某种梦境主题。例如，如果你在梦中憋尿，你将有很大概率梦到自己需要上洗手间。但是，这个梦境代表了什么呢？如果你成功解决了内急，并且没有其他事件发生，那么我们可以判定这仅仅是一个身体主题梦境——很大众化、没有特别新奇的地方。然而，如果苦苦寻求难以找到一个私密场所解决内急呢？我们便可能因此从梦境中得到一条重要信息：提示着在你生活中的某些方面隐私严重缺失。在众多梦境中，肉体元素一旦进入了梦境，就会变成一块磁铁，会从造梦者无穷无尽的内存中引出一个鲜明主题。让我们来探索一些常见的肉体主题梦境吧，并思考其与其他主题的联系。

周围环境主题

当你陷入沉睡时，你所处的环境将会以自己的方式经由你的感官器官进入梦乡。例如光线、声音、气味、温度、接触感等等，都有可能被召唤进入梦中。这通常最有可能发生在你从梦中醒来的前一刻，因为这时你的大脑从睡眠状态逐渐过渡到清醒状态。这属于司空见惯的身体感官入侵梦境，设法唤醒你，并让你铭记此梦。

凯文曾梦到一只昆虫试图飞入他的耳朵。而当他醒来之后，他发现自己的妻子正在拼命从自己身边赶走一只昆虫。很可能确实有东西触碰到了他的耳朵，因此该梦境很有可能属于受到身体感官入侵的梦境。该梦不仅唤醒了凯文（让他记住了这个梦境），同时如同一块磁铁，引出了另一个心理投射主题梦境。凯文这样描绘他那场“带有微型芯片的飞虫”的梦境：

我梦到一群携带着微型芯片的飞虫，它们想要停在我的耳朵上，把微型芯片移植到我的耳朵里。我的妻子唤醒我，这时我在不停地扭动身体，在她耳边嘟囔着：“我必须灭掉这些飞虫！”她回应道：“我已经帮你都杀光了。”我回道：“灭光了？……怎么可能！……你怎么灭的？”然后我就醒过来了。我觉得这件事仿佛是真实的，可随即又感到困惑不已。我环顾四周寻找飞虫，始终觉得真的有虫子或者其他东西碰到了我。

如果不是因为梦境中出现了微型芯片，飞虫试图入侵耳内，我们很有可能将此梦境简单归类为肉体梦境——轻微的碰触导致条件反射地梦到有昆虫落在了身体上。从这里看来此梦境似乎是简单的肉体梦境，但是飞虫却设法想要在凯文体内植入芯片。因此，或许有某些至关重要的元素是我们需要查漏补缺的。无论何时只要梦到有事物想要入侵耳内，便可视此为一种预警，警告做梦者可能梦境中出现了心理投射主题元素——飞虫暗喻着某些令人不快的事物，即便凯文可能最近对此有所耳闻，但他一直在排斥着它。由于梦境中出现了微型芯片，而微型芯片是编程性信息的常见梦境暗喻，因此此梦有很大概率属于心理投射梦境。

憋尿主题

你是否曾梦到充满秽物的马桶？并非只有你如此。憋尿梦境是全世界最常见的梦境之一，并且会以多种形式出现。在不同形式中，小解或大解的欲望会如同磁铁，引出大量其他主题梦境。其中最常见的便是影子主题。如果你正在对付影子主题梦境，并试图接纳体内曾被压抑的部分，那么你或许已有所察觉，意识到自己需要更换一种前所未有的全新方法发泄能量及情感。你或许对自己释放情感感到内疚不安，而这一点在你的梦境中以一片狼藉充满秽物的马桶为意象表现出来。那么，你是否现在应该清理这一堆污秽？又或者你的体内被各种情绪所困，得不到合理释放，你有可能会梦到卫生间堵塞或者马桶故障。如果你找到了洗手间，却因为太过污秽而无法使用，这或许暗示着对病菌过度恐惧的脑部主题的出现。如果你发觉自己隐私被侵犯，你或许会和在第3章出现的卡丽一样，梦到自己无法寻找到一个私密场所小解。如果你无法找到一个合适的途径去发泄那些早已喷薄而出的情绪，你或许会梦到自己完全找不到洗手间。因此，在你忽略憋尿梦境之前，请先拷问自己——或许梦中还隐藏着其他主题？

饥渴主题

由于整夜不曾进食，当你在做着晨梦时，或许会感到饥饿。饥饿和食物主题在梦境中十分常见（在我的经验中，饥比渴更为常见），并且它们通常拥有身体感官感受入侵梦境的特质，受到身体挨饿的影响而闯入梦境。

弗兰克做了一个无比漫长且节奏紧张的梦。在梦境中，他是一名武装保安，在一座建筑中搜查闯入此地的强盗踪迹。可随后，在他梦境的最后一个场景，他发现自己处在一个完全不同的环境中，他走出了大楼，正准备轻松愉快地享受着美酒和美食。可当他饥肠辘辘地从一堆刚烤好的饼干中拿走被放在最上面的那块，迫不及待地打算咬一口时……他突然醒了。我们从梦境中摘出了很多事件用来分析。首先得出此梦是影子主题梦境。在梦中描绘了“闯入”自我的新生事物（强盗）与随机引发抵抗改变的超我（保安）之间的紧张局势。如果不是饼干出现将弗兰克唤醒，我们极有可能永远没有机会发现此梦。

饥渴主题同样来源于造梦者的内心冲动，并且在梦中起着重要暗喻的作用。我有一些患者曾经很多次梦到一桌子垂涎欲滴的美味佳肴，但是不知为何却无法享用。为何呢？在做此类梦时，或许做梦者们确实饥肠辘辘，但是在他们无法享用美食这一问题上，仍有许多关键之处急需解决。在做梦者的灵魂中，是否有某一部分缺失且尚未得到弥补？在这些案例中，饥渴并不属于入侵角色而是其引出的内容。

疾病主题

如果你生病了，或感到身体不适与疼痛，那么这种不适感将进入梦境，并时而隐喻、时而真切地呈现在你的梦境中。例如发烧可能导致你的梦境中出现火灾或是过热的机器。头痛则可能梦到自己头部受伤或者房子屋顶出现故障。普通感冒引发的鼻塞可能梦到自己嘴里含着令人反胃的物体甚至是粪便。局部疼痛可能梦见自己身体的某个地方受到了猛兽袭击。在月经期间，即使身体健康无恙，梦境也通常会出现鲜血、伤口、昏倒，或者衣物、家具被弄脏。若是做梦者睡眠中窒息，则通常会梦到自己身处水底深处，为了获取空气而拼命上浮等。总体而言，当人们身患疾病时，梦境会出现周而复始、疲惫而漫长的痛苦感。通常，做梦者在迷迷糊糊、临近苏醒的时刻，会被立马重新拉回之前的梦境中。这表明，人们身患急性疾病时，身体感官感受进入梦境的影响短促而有力，甚至可以暂时性地掌控、调配大部分或全部的梦境功能。

而一些严重的疾病，例如慢性病和某些危及生命的疾病的早期阶段同样有可能出现在梦境中。当体内疾病显著恶化时，其体内自发的疗愈功能将变得异常活跃，并将设法警示主人不断恶化的危险处境。此类警示大部分通过梦境渠道传递，警示做梦者危险正在靠近，应给予重视。关于健康警示梦境（也被称为预警梦境、治愈梦境、诊断梦境或预后梦境），在文献中已有众多研究与阐述。

在此，我将举例说明梦境如何为做梦者带来有关自身健康与疾病早期状况（或预警状况）的重要信息。27岁的霍利曾做过一个被称为“滞留在机场”的梦：

我当时正在机场，朝自己乘坐的航班走去。这时，机场保安朝我投来怀疑的眼神，并把我拉到一旁，原因是我的纽扣上有尖刺。我朝他大声喊，说我必须赶上航班，但是很显然我在他的控制下无法离开。他怀疑我偷偷藏了武器，并且要拘留我。

关于在旅途中遇到困难的梦境司空见惯，可该梦境中不同寻常的部分是那枚有尖刺的纽扣——这枚纽扣可能代表着什么呢？梦境中经常会出现怪异的部分，它就像聚光灯将某些细节暴露无遗。由于梦中出现了尖刺，此梦同样有可能是心理投射主题梦境。梦境是否是在引起做梦者注意那些强加在或即将强加在她身上的事物？梦境中的心理投射主题通常指的是对外来思想的投射，但也可能指具体实物的投射。梦境中关于尖刺的事件让我怀疑它可能代表着某个实体的存在，因此我询问霍莉她是否戴有子宫内避孕环。她回道自己体内确实存在避孕环，并且一直在考虑是否要将避孕环取出。猜测与现实的完美衔接清晰表明，我们对梦境的分析已步入正轨。

因此，我建议霍莉想象已从自己体内取出避孕环，然后切身体会在没有避孕环的情况下的身体状态。鉴于霍莉在是否取出避孕环这一选择上左右为难，采取以上做法可以帮助她更好地做出决定。虽说一直以来，避孕环都效果良好，具有极好的耐受性，并且没有带给霍莉任何明显不适，但她并不喜欢体内藏有避孕环的感觉，并且时常担忧它导致自己未来无法受孕。

两个月之后，霍莉做了另外一个意象相似的梦“用金色圆盘射击”：

我对一名操纵高手设下圈套，设法让所有人都认清她的庐山真面目。这名操纵高手就是著名的嘎嘎小姐（Lady GaGa）[①]。内特和其他两个人（角色出自美国电视剧《绯闻女孩》）一起站在我身边。嘎嘎小姐不知何时突然拥有特异功能，可以控制人们的思维。她命令内特用一把可以喷出金属飞碟的金色手枪向我射击；飞碟上每一边都有七个尖细的针刺。他朝我右侧一发命中，射向我的盆骨上方。我旁边的人告诉我，我永远都逃脱无望。

第二个梦境的特点是那个上面有针刺的金属飞碟！霍莉和我都注

① 美国一位流行女歌手。

意到第二个梦境中的紧迫感愈加强烈：操纵和精神控制的不祥主题以及飞碟刺入霍莉盆骨的事件都体现了这一点。这种越来越强的紧迫感在自我检查梦境中也时常出现，特别是警示身体状况的梦境；第二个梦境中传递的信息与第一个主题相似，但危险程度与紧迫感更高。于是霍莉不再犹豫，决定尽快取出避孕环。

健康警示可以通过多种途径推送给我们，而所有警示都不容忽视。梦境可以在症状出现之前就告知我们，而此时这些微小的反应在医学影像检查中还不一定能被发现，因此梦境是一个极其重要的通告渠道。目前为止，霍莉的避孕环在医学检查中还没有显露任何不良反应，但是在其梦境中已经在症状出现之前就发出了警告。

四肢麻痹主题

你是否有过这样的经历，你虽然已经醒了，可仍然躺在床上，无法移动或发出声音？有过“鬼压床”经历的人通常无法确定自己究竟是在做梦还是处于清醒状态。他们一口咬定自己是在完全清醒的状态下经历此事，并对此万分恐惧。有时，“鬼压床”时，往往会有令人毛骨悚然的人物不断靠近，并且“鬼压床”发生的背景通常是你入睡时的真实环境（这样会让做梦者愈发觉得是发生在现实生活中的）。据说，此类现象引发了许多关于女巫或梦魇（坐在梦中人胸口上，不许他们移动或呼救的恐怖恶魔）的民间传说。

近年来，这种现象被命名为“睡眠性麻痹”并得到深入研究。有关睡梦的研究显示，这种现象产生的原因是脑干中网状激活系统出现了机能障碍，此系统负责调节睡眠和清醒状态之间的切换。在快速眼球运动（Rapid Eye Movement）睡眠中，体内的大部分肌肉必须处于麻痹状态，否则身体会做出梦体所经历的一切动作。（你梦到过被狗追逐时的场景吗？）当你逐渐醒来的时候，处于麻痹状态的肌肉就会慢慢恢复正常；可是如果肌肉一直处于麻痹状态，那么就会出现你的大脑已经苏醒（或临近苏醒）但是身体却无法移动的现象。

身体麻痹导致的身体感官体验如同一块磁铁，引出构建梦境的丰富素材。（在此背景下，毫无疑问应称为“幻觉素材”。）通常，由于做梦者在猝不及防的情况下发现自己陷入无法移动的恐惧中，因此虽并不尽其然，但梦境中出现的素材通常负面消极，令人毛骨悚然。

35岁的女性布里安娜曾有此经历。在她与我的第一次咨询中，布里安娜说道：“从我十四五岁开始，我就一直生活在梦魇阴霾的笼罩之下。最近这种情况愈发严重，我害怕得根本无法入睡，这一切折磨得我筋疲力尽。我的梦境一直都充满着负能量。梦境中出现的东西更像是幻象，但他们通常看上去非常真实。通常都是一些三维立体的人形飘进我的卧室，像闹鬼了一样！我吓得目瞪口呆。”布里安娜随后又告诉了我另一个她最近梦到的相同主题梦境“有两只鬼魂飘进了我的卧室”：

当时我正在现在居住的卧室里睡觉。房间整洁干净，我本来在安然入睡。卧室的房门紧锁。这时，我发现有两只性别不详的幽魂阴森森地出现在门外。这时，我不知道自己如何在没有移动身体的情况下检查了房门是否紧锁，确保幽魂无法进入房间。我害怕得瑟瑟发抖。可即便房门关得死死的，幽魂还是飘进了房间。他们在我的房间里四处游荡，把东西翻得到处都是，附体在物品身上并毁坏它们。而我无法移动，更无法阻止他们。

我建议布里安娜用自己想象力的创造力改变梦境。她可以选择一个最近做过的骇人梦境，有意识地重返其中：“哦！我是在重返梦境。”她也可以带一个帮手帮她加深意识，让她时刻铭记明白自己正身处梦境，并且可以在一定程度上影响事件发生。

一个月后，再次见到布里安娜时，她的梦境正经历着令人欣喜的转变。布里安娜的梦境变得不再那么令人毛骨悚然。在她描绘的一个噩梦中，布里安娜梦到自己的男友意图不轨地潜藏在门外，但这次她可以呼救，也可以从噩梦中醒来。在另外一个梦境（由于并不骇人，因此无法归类为噩梦），一个身穿白色衬衫的男人朝卧室的天花板飘近，随后蜷缩成了胎儿状。与布里安娜之前经历的梦境相比，梦境中的人物变得十分友好，甚至滑稽可笑。在接下来的几个月内，这种转变持续发展。在一次来访中，布里安娜反馈说她的梦境中依然有相同的场景（有人飘进她的卧室），但梦境的基调已经完全改变了。她称这个梦境为“发光的女性佛像”。

> 我躺在自己的卧室里，意识很清醒。这时，一个发光的女佛飘到我的床铺上方。她的存在不容忽视，强大无比，精力充沛。女佛飘到我的上方，又飘到我的右侧，逐渐向我靠近。我欣喜万分！

三年后，布里安娜反馈道：

> 我的梦境和睡眠基调有了很大的改善 梦境不再困扰我，甚至几乎不再影响我的睡眠，对此我感激不尽！甚至，即使我梦到了毛骨悚然的事情，不论在梦境中还是清醒状态，我也总能找到办法摆脱。我非常感谢你给我的建议，确实改变了我的困境。因为太过恐惧，我从来没有想到自己可以在“瘫痪”状态下与梦境交流并改变梦境。

这表明，影响布里安娜改变梦境的主要因素就是意识——意识到她有过类似经历，且无须为此感到恐慌。很多人确实不曾经历过完全麻痹的梦境，但是他们也曾在梦境中体会过某种程度的行动不便或丧失声音。通常，他们可以移动但是却感觉四肢笨重，就好像在流沙中奔跑。我认为大多数此类梦境机制与睡眠麻痹相同，只是麻痹程度稍轻。通常这种半麻痹的身体状态入侵梦境是为了更好地唤醒做梦者，让做梦者铭记梦境中的重要信息。

坠落与惊醒主题

从睡眠状态切换到清醒状态的过程并不总是一帆风顺。“坠入梦境”很有可能是真实存在的，因为我们中的很多人在清醒之前都有过坠落感（可能朝任意方向）。如果在这一切换过程中出现问题，可能会出现猝然颤动、大吃一惊、抽搐蹬腿等突发性动作，使我们惊醒。大多数时候，我们可能不想醒来，但是同床伴侣却会因此受到干扰。正如前文所言，大多数踢腿和坠落感可能是源于脑干中的网状激活系统障碍而导致切换状态频频受阻。在快速眼动阶段，肌肉会出现时而麻痹时而恢复的状况，这是一种复杂的肌电活动，为了迎合我们时而沉睡时而清醒的身体状况。事态发展总会频频受阻，这一点不足为奇。反而，如果我们认定这些突发性动作从根本上属于肉体入侵梦境，那么我们就可以集中注意力分析那些尾随它们而来的梦境内容。

当然，这其中有些坠落主题梦境本身就蕴含深刻含义，因此至关重要。例如，如果你发现自己惊慌失措地站在高处，或直接从高处坠落都是常见的自我审视主题梦境，你该如何区分单纯因身体出现状况而导致的坠落梦境以及暗示做梦者正身陷危险处境的坠落梦境呢？坠落发生的背景和梦境中出现的其他事物会对你的分析有所帮助。

第 30 章

情爱主题
梦见自己心爱的情人

梦到与情欲相关的梦境该怎么分析呢？梦到自己倾心于伴侣以外的人，说明了什么呢？还记得第 21 章中，爱丽丝的梦境“婚礼前三周”吗？情爱梦境虽然极为寻常，但它可能会让那些惯于分享梦境的情侣黯然神伤，羞愧不已。据我推测，做梦者极有可能不会与伴侣分享该梦境（也可能将梦境进行删减再分享），因为他们担心对方会伤心难过、怫然不悦或产生误解。有许多人认为，出现情爱梦境定是说明他们和伴侣的关系不和谐：“为什么我时常梦见自己爱上别人？这是否说明我目前的伴侣并非我的真命天子？”有的人甚至告诉我，他们不敢在情爱梦境中逗留的原因，是觉得伴侣会窥探自己的梦境，并且发现那些让人名誉扫地的情爱画面。真是可惜！

情爱梦境的心理动因

从根本上讲，我认为出现情爱梦境只是意味着你（或你身体某部分）

渴望获得某物。这种渴望的能量通过梦境传递。因此，含有情欲元素的梦境并不构成某种主题梦境，而是一股能量，可以出现在几乎任何类型的梦境或主题梦境中。在梦中，我们会倾心于某人，向其步步靠近，甚至发生关系。听起来很简单？有时候梦境的确是简单明了的，有时则并非如此。我们有必要弄清楚情欲源于自身哪个部分——源于肉体？梦体？自我意识？内心深处？还是影子人物？我发现，情爱梦境是最难认识和分析的梦境之一，这其中原因众多，罗列几条如下：

◎ 性欲是一股强大无比且与生俱来的力量，必须得到宣泄。

◎ 性欲比人类其他任何欲望都更容易受到压制或否认。

◎ 性欲一直遭到世上大多数宗教传统的恶意诋毁。

◎ 许多人在面对性欲时感到极度矛盾。

◎ 性冲动可能会极大地动摇或威胁一段稳定的伴侣关系。

◎ 性欲与动物（包括人类）体内的繁殖本能联系在一起。人类尽管在过去已经找到方法解除二者的绑定关系，但在潜意识中，它们仍紧密相关。

◎ 性欲不仅和繁殖的本能有关，和其他各种欲望、诱惑也密不可分（例如，渴望获得启迪、渴望学习、渴望效仿并超越他人、渴望备受关怀、渴望得到保护——以上所有渴望都可以勾起性欲，并且都有可能出现在情爱梦境中）。

◎ 梦中的主人公总是乐于从约束中寻找自由，例如从道德底线约束，或是对一段关系要保持忠诚的要求中。因此，梦中主人公希望能自在地对吸引他/她的人做出回应，也希望能与其他人发生性关系，而这种愿望大多数时候只会在做梦时产生（也只应如此）。因此，只要确保上述欲望只来自梦中主人公，而非现实中本人，就无须担心。

◎ 现实中的做梦者对性和有性吸引力的人感兴趣的原因在于——人的身体对肉体关系的诉求往往是明确、强烈且非常直接的。

◎ 男性和女性在梦境中对肉体关系诉求的表达是不同的。女性的表达方式更多样化，且与其荷尔蒙周期同步。例如，女性在排卵期时会更频繁地梦到情爱梦境，梦到爱上不同的男人。这并不意味着她们突然觉得和自己的伴侣过得不“性”福，可能只代表她们在做“与卵子相关的梦”，因此希望有许多精子 / 追求者围着她们转。

◎ 人的自我也对性和有性吸引力的人感兴趣，但是这种兴趣带来的问题是不同的。人的自我往往非常迫切需要感受到自己的魅力，需要证明自己能够吸引他人。在情爱梦境中，人的自我所表达的欲望和精神、肉体所表达的欲望相当不同，前者往往暗示着亟待解决却又棘手难解的困难。通常来说，将由自我来表达欲望的情爱梦境视为“自我审视主题梦境”来分析是最佳方案。

◎ 人格意识（或内在自我）也可以在情爱梦境中得到体现。渴望得到保护、渴望得到无条件珍视、渴望得到安慰、渴望当下的愉悦、渴望受人夸赞以及渴望得到养育和教诲，这些孩子特有的需求有可能成为性吸引力的一部分。若你的情况与此相符，那么情爱梦境就起着指出问题的作用，从某种程度上说，该问题往往比较棘手，且暗含着有待解决的障碍。

◎ 性欲也可通过“影子人物主题梦境”来表达。有时候，当一个人对性的欲望开始膨胀、变得强烈时，他 / 她可能会梦到一些新奇、禁忌、刺激甚至危险的情爱画面。

◎ 情爱梦境也可以是关于寻求启迪——因为情爱梦境是最刺激、最积极正面的梦境之一。

在情爱梦境中出现现实中的伴侣

下一次，当你梦到自己和现实中的伴侣一起出现在情爱梦境中时，请留心该梦境的情感基调。若该梦境情感基调积极向上，那么你可以将其视为“积极反馈主题梦境”进行分析。它意味着在伴侣身上存在某种你非常渴望并且最近与之产生了联系的事物，请你尝试找出该事物，并且与之加强联系；若该梦境情感基调负面消极或重复枯燥，那么你可以将其视为“关系场主题梦境”进行分析，它代表着你和伴侣在性生活或感情关系中停滞不前，也许告诉你们可以一起努力，向着新的目的地重新出发。

在情爱梦境中产生对伴侣的愧疚感

你梦到自己受到别人的诱惑，又意识到自己应该对伴侣忠贞不贰，这时候该怎么办呢？其实这种梦境十分常见，并且在大多数情况下是健康、正常的，不会导致不良结局。它的出现，与你体内不同部分产生的不同需求和欲望有关。当你完全沉浸在梦中时，你会希望不受任何道德约束，尽情享受梦境中所发生的一切。但是，当你体内其他部分逐渐苏醒，你会开始意识到自己正处于一段感情关系中，应当对这段关系保持忠诚。这个阶段通常出现在梦境即将结束，你的自我意识也开始回归时。虽然你的梦体对于“应做之事”并不介意，但是对于现实中的你却非同小可。在同一个梦中同时体会这两种感受是件好事，你无须为此感到罪孽深重。不要把现实中的道德约束强加于梦中的自己，否则你会陷入毫无必要的极度矛盾中。

在梦中对（现实生活中）毫无吸引力的人产生好感

你是否有过这样的经历：某天从梦中醒来，发出“我怎么会被这种人吸引”的疑问和感叹？梦到自己对没有吸引力的人产生好感是十分常见的，且该梦境往往会带来宝贵的启示。在此重申，把握梦境的情感基调十分重要。若该梦境带来负面消极、令人不适的感觉，那么它往往暗示了某些问题，例如，为什么你会对这种自己明显不感兴趣的人产生性欲呢？另一方面，若该梦境带来积极向上的感觉，它可能突出了那个人身上某些积极的品质。例如，当你产生“我似乎挺喜欢和这个人接触的，这是为什么呢？”这种困惑时，可以扪心自问：“如果我能拥有这个人身上的一种品质，会是什么呢？”

梦到与往日恋人重燃爱火

若你梦到往日恋人，不必因此感到失落难过，这种梦境十分常见。它并不意味着（虽然很多人这么以为）你爱上了错的人或你现在的伴侣并非理想伴侣。用“这个梦诉求是什么”的问题模式便可以明白个中联系。

有时候，这种梦境似乎是想告诉你让你与过去的感情纠葛结束得更彻底。若你的情况与此相符，你可以重回梦境，想象自己和过去彻底、决绝地挥手道别。在这过程中，如果你感到痛苦悔恨，没关系，允许自己悔恨，这并不表示你现在的选择是错误的，只意味着你已经意识到自己的损失，你也曾珍视过往那段爱情，但是你现在要将它放下，与过去彻底再见了。这种梦境也许带有自我审视功能，说明你在对比往日恋人，逃避和现任伴侣进一步亲密接触或做出承诺。有时候这种梦还带有极限场主题特有的重复枯燥的特点。你的大脑陷入了关于某前任回忆的恶性循环之中，尽管现实中的你由衷地不想与他相恋，但梦境中的你似乎还不愿意放手。若你的情况与此相符，你可以重回梦境，在往日熟悉的地方寻回自己，告诉自己你可以离开这个地方，然后转身离去。离开往日的恋人，去寻找现在的伴侣，如果这是你所认为的正确做法。这就是爱丽丝面对她的梦境“婚礼前三周”时采取的解决方案。谨记：这种大脑训练往往需要多次重复才能真正掌握。

情爱梦境的解梦建议

有很多理由可以解释为什么人们会误解、压抑或回避情爱梦境。等到做梦者向解梦者咨询的时候（如果他们真的会这么做的话），他们的脑海里早已冒出许多问号。然而，有的情爱梦境非同儿戏，应该得到重视和分析。那么从何着手呢？既然性欲是全人类共有的原始的力量，那么它就可能引发任何一种主题梦境。

1. 揣摩梦境中的其他元素——这会帮助你理解梦境传递的信息以及它的诉求。情爱梦境当然可能单纯地与情欲有关，但同时它也可能含有更丰富的内涵。梦境中是否存在寻找自我价值的自我意识？梦境是否体现你内心精神某些强烈的需求？梦中的主人公是否只是在享受肉体的欢愉？梦境是否给你带来启迪，或让你想成为有魅力的人？梦境是否重复枯燥，让你沮丧失落？

2. 通过问自己“梦境的诉求是什么？”来分析梦境。在梦境变得复杂，或让你迷惑不解的时候，你可以回归到这个最简单的问题：梦境的诉求是什么？这样的例子比比皆是。请你保持置身于梦境中，直到弄清楚梦境想让你做什么。不要急着将梦境转移到现实生活中，那是接下来的步骤。如果你梦到自己在和约翰尼·德普（美国知名影星）亲热，又对丈夫心怀愧疚，这时候你该怎么做呢？进一步探索梦境？让梦境顺其自然发展？即刻停止？做出改变？你可以探索其他可能的做法，直到找到一种让你觉得心安理得的，然后进行多次想象练习，在想象中全身心投入体验那种做法。请问，现在这个梦境对现实中的你有什么诉求呢？

第 31 章

惊悚梦境和噩梦
梦见嚎啕大哭且醒后泪流满面

恐惧是一种可以在许多不同类型的梦境中出现的情感能量。正如情爱梦境本身并不是主题梦境一般，惊悚梦境也可以伴随几乎所有类型主题梦境出现。因此，我们不需要将“噩梦”分门别类，这只是一个让人心惊肉跳的梦。而你仍然需要弄清自己的梦归属于哪类主题。换言之，你如何能肯定梦中让你望而生畏的人物真的会带来危险或伤害呢？其实，一开始让人心生恐惧的梦境人物，最后往往是积极正面的。我们如何对二者进行区分呢？这种区分有时候虽并非易事，却也十分重要，因为这会导致截然不同的梦境分析结果：若梦境人物代表积极正面的事物，则做梦者应与其紧密联系；反之，若代表消极负面的事物，则做梦者应敬而远之。

区分惊悚梦境中人物形象的指引

当你从一个噩梦中惊醒，你可能无法立即从毛骨悚然的状态中抽离。人们不想对惊悚梦境进行分析，往往是因为他们不想再次经历那种毛骨悚然的恐惧，尤其对于孩子们而言。通常来说，只要解答了“梦境的诉求是什么”这一问题，就能确定主题梦境的类型，但在惊悚梦境中，这种方法一开始并不奏效，因为人们在遭受恐惧后的直觉回答都是——“这个梦让我远离那个怪物！”

因此，在梦到惊悚梦境后，你可以尝试以下方法来确定主题类型：选择梦境中最让人胆战心惊的人物，然后思考下列五个问题。如果你无法确定其中某个问题的答案，请直接跳到下一问。

◎ 这个人物是你的内在体现还是外界折射？（它属于你内心的一部分，抑或是你生活中某人或某物的反映？）

◎ 它在梦中是否真的带来了伤害？（抑或只是有带来伤害的可能性？）

◎ 在想象练习中与该人物再次相遇时，它是否变得更加积极正面了？（请进行简短的想象练习，在想象中直面该人物。）

◎ 在心理动力学方面产生了什么变化？

◎ 你认为应该采取什么行动来回应该人物？

回答完上述问题，你也许会变得镇定和冷静了。这时候，梦中你那颗想知道来龙去脉的好奇心将开始发挥作用。

八类最让人提心吊胆的梦境人物

即便惊悚梦境可能出现在几乎所有主题梦境中，但根据我的经验，如果你梦到一个吓得人魂飞魄散的人物，几乎可以肯定它属于下列八类梦境人物之一。只有明确它属于下列八类中的哪一类，你才有可能将该梦境与现实生活相联系。

1. 影子主题梦境人物

内在体现还是外在折射？内在体现。

会带来伤害吗？你可能会觉得害怕和受到威胁，但该人物没有带来实质伤害。

再次相遇是否会变得积极正面？是。

心理动因？你心中某个崭新部分正在尝试融入。

如何应对？与影子人物相遇，并接纳它成为你的一部分。

2. 自我审视主题梦境人物

内在体现还是外在折射？内在体现——看似胆大妄为的外界主题梦境人物，实则是你内心某个方面的体现。

会带来伤害吗？会，它会伤害梦境中的其他人物。

再次相遇是否会变得积极正面？是，只要你愿意接纳它。

心理动因？你的潜意识指出了你性格上的缺点，虽然你自己没有发现，该缺点却给他人带来了影响。

如何应对？认识到自己不好的一面，承认它然后改正。

3. 外在折射梦境人物

内在体现还是外在折射？外在折射——你生活中的某人或某物常常在梦里出现，且给你带来巨大伤害，其他人物也可能扮演这样的角色。

会带来伤害吗？会。

再次相遇是否会变得积极正面？不会。

心理动因？你的梦境试图告诉你，你正身处于危险之中，很可能会受伤害，或你可能正在放任自己受伤。

如何应对？将其视为自我审视梦境进行分析——首先将梦境传递的信息视作警告，或是提示你要审视自己的生活，然后采取行动改变生活现状。

4. 心理投射梦境人物

内在体现还是外在折射？内在体现，但并非内心一部分。

会带来伤害吗？会——该人物可能极其刻薄、会致人受伤、穷凶极恶并且攻击性强。

再次相遇是否会变得积极正面？不会。

心理动因？在你的精神世界中存在某种来自过去的外界事物（例如负面消极的内心声音或信仰），现在你想将它移除。

如何应对？首先确认该物质来自外在，并且你想将其移除。然后削弱它的力量或消灭它，如果可能的话。

5. 脑部主题梦境人物

内在体现还是外在折射？内在体现。

会带来伤害吗？会。

再次相遇是否会变得积极正面？不会。

心理动因？是某种坏习惯、强迫症、对某物上瘾、迷恋或产生非理性恐惧、恐惧症时，你大脑中不受调节或控制的部分神经网络的体现。

如何应对？大脑训练——想象自己回到遇到麻烦的场景中，然后寻找出路。

6. 失控自保主题梦境人物

内在体现还是外在折射？内在体现。

会带来伤害吗？会。

再次相遇是否会变得积极正面？不会。

心理动因？源于你心里对创伤的回应，以此保护自己免受伤害，或抚慰、平息无法忍受的痛苦。你强烈拒绝做出改变或接受帮助，总是容易重蹈覆辙，自暴自弃。

如何应对？要更深入了解这麻烦不断的自我保护系统的运作方式，然后将其可能造成的损害降至最低。

7. 疾病主题梦境人物

内在体现还是外在折射？二者皆有可能。

会带来伤害吗？会。

再次相遇是否会变得积极正面？通常不会。

心理动因？反映了你的某种疾病，该疾病通常来势汹汹，没有自限性，并且似乎形成了一定机制。该类型梦境最常反映的疾病是癌症、自身免疫疾病、大脑化学物质不稳定、寄生虫感染。

如何应对？该梦境也许正在提示你处理疾病的最佳方案。

8. 睡眠瘫痪主题梦境人物

内在体现还是外在折射？内在体现。

会带来伤害吗？通常不会，场景仅限于卧室。

再次相遇是否会变得积极正面？会。

心理动因？一般来说，做梦者会产生一种自己完全清醒了的感觉，他们身处自己的卧室，却无法移动，也无法发声。这时，房间里会出现一个人物，通常是在床尾。由于身体动弹不得，你会觉得整个过程异常可怕，其实并没有必要害怕。

如何应对？要知道在生理上发生了什么（详见第 29 章）。清楚发生了什么之后，通过想象练习重回梦境，告诉自己这是一个积极正面的梦，而不是惊悚可怕的梦。

何时自助，何时求助

若你受惊悚梦境所困，你可以选择某一个梦境进行分析。尝试运用本章节介绍的方法。如此，你可能会与梦境建立起良好联系，并得到良好的反馈。若你成功做到了，你会发现自己的惊悚梦境都开始发生变化；若失败了，若你在梦境中越陷越深，觉得自己不能与梦境建立完整联系，或你觉得自己需要指引，需要借助他人之力，那么你就该寻求帮助。无论采取哪种方法，我都希望你面对噩梦能采取积极行动，主动出击，不要一直被噩梦缠绕。我见过有人受噩梦折磨了数十年，始终没找到解决噩梦的方法。你可以通过自身努力加上外来帮助，避免陷入他们的困境。

孩子做了噩梦怎么办

许多家长都想知道孩子的噩梦应该怎么处理。孩子，尤其是青少年，往往不知是否应该讨论自己的梦境。他们也许不想在重述梦境的过程中再次经历恐惧。与此相似，家长们对此也犹豫不决，但这往往是因为他们不知道自己该做什么或说什么，也许保健医师对此也不知所措，因此问题被搁置了。以我的经验，有一样对于转变成年人惊悚梦境有奇效又可靠的工具，对于孩子也同样可行——那就是想象练习！想象练习的核心技巧在于协助孩子，让他们在想象中把可怕的结果逐渐变得不那么可怕。好几种方法可以帮助促成此目标，并且最近有一本新出的书对这些方法进行了讲解和分析。若你的孩子正在经历惊悚梦境，并且你想得到一些指导和启示去帮助他，我向你推荐《睡眠怪兽和超级英雄：通过想象梦境让孩子获得力量》。